广东省高等教育"一流课程"
广东省教育厅本科高校教学质量工程

U0613842

昆虫生理生化实验指导

李文楚　　黄志君　　邓小娟 / 主编

中国农业出版社
北　京

内 容 简 介

　　《昆虫生理生化实验指导》是以模式昆虫家蚕为主要实验材料，验证和研究昆虫形态发生、解剖生理结构及其功能、生理生化等为主要实验内容的指导性教学工具书。主要内容包括了显微镜的使用、家蚕各阶段形态特征、消化和排泄系统、呼吸系统、血液循环系统、肌肉组成、生殖系统、丝腺和吐丝系统、信息素等解剖生理部分；生化部分则包括了以家蚕为模式昆虫的糖类、核酸、蛋白质等几大类物质的代谢及维生素C、酶类活性测定等。

　　《昆虫生理生化实验指导》是老一辈教师的知识经验积累，也是长期从事教学一线工作的编著者们多年的教学成果和总结归纳，适合从事昆虫学、蚕学等农林相关学科的科技工作者、教师和学生使用。

　　本实验指导是广东省高等教育"一流课程"《昆虫生理生化双语课》和广东省教育厅本科高校教学质量工程"家蚕生理病理教研室"项目建设内容，经费上得到华南农业大学本科生院和动物科学学院的支持。

谨以本书致敬我们的恩师黄自然教授！

本书编委会

主　　编　李文楚　华南农业大学

　　　　　黄志君　华南农业大学

　　　　　邓小娟　华南农业大学

参编人员（按姓氏笔画排序）

　　　　　邓小娟　华南农业大学

　　　　　邓惠敏　华南师范大学

　　　　　田　铃　华南农业大学

　　　　　李文楚　华南农业大学

　　　　　邱宝利　重庆师范大学

　　　　　桑　文　华南农业大学

　　　　　黄志君　华南农业大学

目 录

CONTENTS

实验室守则

>> 第一部分 <<
昆虫解剖生理学实验

>> 第二部分 <<
昆虫生物化学实验

实 验 室 守 则

进入实验室的所有师生必须严格遵守华南农业大学实验室安全管理办公室发布的《实验室安全手册》。

1. 实验前必须认真预习，熟悉实验目的、原理、操作步骤，懂得每一操作步骤的意义和了解所用仪器的使用方法。

2. 不迟到，不早退，不大声谈笑，实验空余时间禁止玩手机。

3. 进入实验后，应自觉遵守课堂纪律，维护课堂秩序。

4. 实验过程中要严肃认真地按操作规程进行实验。

5. 参加实验操作的人员务必做好个人防护，特别注意有毒化学品、危化品、易燃易爆品的使用，并预防危险机械等的伤害。

6. 实验台面应随时保持整洁，仪器、药品摆放整齐。试剂用后应立即盖严放回原处。

7. 使用药品、试剂和各低耗物品必须注意适量原则，避免不必要的资源浪费。

8. 精心使用和爱护仪器，严格遵守操作规程；仪器故障或损坏时，应如实向教师报告，并填写损坏仪器登记表。

9. 注意用电安全，离开实验室以前应检查水电，严防发生安全事故。

10. 每次实验课由班长、学习委员负责安排值日生。值日生的职责是负责当天实验室的卫生、安全。

第一部分

昆虫解剖生理学实验

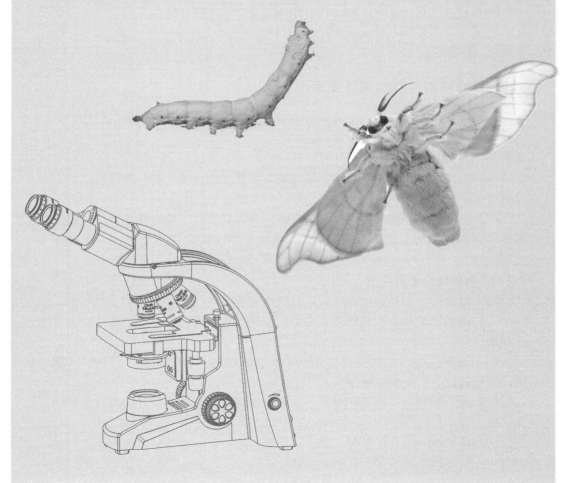

实验一 显微镜及解剖镜的简要构造和使用

1 实验目的

认识显微镜及解剖镜的简要构造，学习和掌握显微镜及解剖镜的使用方法。

2 实验材料

（1）材料：蚕浸渍标本和玻片标本。
（2）用具：显微镜、解剖镜、解剖用具等。

3 实验方法

3.1 显微镜的主要构造及使用

随着光学的不断发展，生物显微镜的构造也不断改进，款式越发多样，其主要构造分为光学部分和机械部分。

3.1.1 显微镜的构造

（1）光学部分：目镜、物镜、聚光器、可变光阑、滤光器、视场透镜、亮度调节等。
（2）机械部分：双目镜筒、屈光度环、物镜筒螺丝、物镜转换器、粗调焦螺旋、微调焦螺旋、载物台、移动尺、前后旋钮、横向移动旋钮、标本玻片夹等。

3.1.2 显微镜的使用方法

（1）镜检时，先接好电源线，打开电源开关。
（2）将标本玻片放在载物台上夹好，旋转前后和横向移动旋扭，使检物对正视场。
（3）调节亮度，使其适合放大倍数，倍数越高，亮度越大，以能看清即可，不能过强，以免损害眼睛。
（4）观看检物时，两眼同时睁开，转动屈光度环至适合两眼同时看清且物像一致。
（5）镜检时，要从低倍镜开始，一边观察视野，一边旋转粗调焦螺旋，见

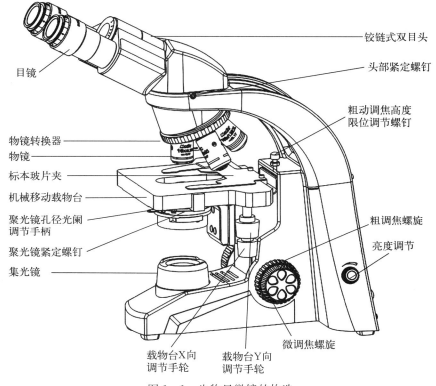

目镜

物镜转换器
物镜
标本玻片夹
机械移动载物台
聚光镜孔径光阑
调节手柄
聚光镜紧定螺钉
集光镜

铰链式双目头
头部紧定螺钉
粗动调焦高度
限位调节螺钉

粗调焦螺旋
亮度调节

微调焦螺旋

载物台X向
调节手轮

载物台Y向
调节手轮

图 1-1 生物显微镜的构造

到物像时停止，再调节微调焦螺旋，直到观察清楚物像；然后移动物镜转换器，转换适合倍数的物镜，再调微调焦螺旋到看清物像为止。

（6）如用油镜观察时，转动物镜转换器将物镜移离标本玻片，在标本盖玻片上滴上煤油一滴，然后移动油镜接触油滴，调节微调焦螺旋至观看清晰为止。使用完油镜后立即将煤油擦去，以免损坏镜头。

3.2 解剖镜的构造和使用

双目解剖镜是一种放大物体的仪器，能将物体放大 10 倍到 100 倍。在蚕体解剖或其他生物解剖时，应用解剖镜来观察生物体内各器官组织，以便于剖取。解剖镜为生物研究的常用仪器。

3.2.1 双目解剖镜的构造

（1）光学部分：光学部分由大小物镜、伽利略系统、斯密特棱镜、目镜等组成。特点是其物镜与一般显微镜的物镜不同，是由大物镜、伽利略系统、望远系统等构成，变倍方便。两个倾斜镜间共同用一个大物镜，视野大而平，并有立体感；但调节倍数后，位置稍有改变，易产生双像。

（2）机械部分：调焦装置、调焦螺旋、制紧螺钉、倍数盘轮、支柱、底座、压片等。

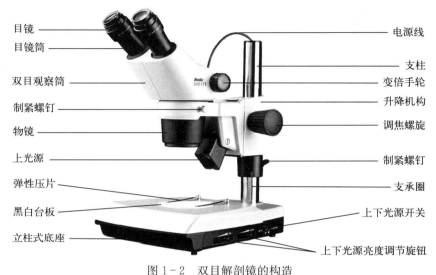

图 1-2　双目解剖镜的构造

3.2.2　解剖镜使用方法

（1）置解剖镜于平稳的台上，用左手托着大物镜及主体部分、右手将制紧螺钉松开，提高调焦装置。

（2）使用时双眼贴近目镜眼罩，调节倾斜镜管的距离，使其适合自己双目间的距离。

（3）根据所观察物体大小、放大的倍数，转动度盘确定放大率，度盘上刻的字代表物镜放大率，乘以目镜的放大率即为总放大倍数。

（4）由于放大倍数不同，镜的焦距也不同，转动调焦螺旋，直到看清物体为止。

（5）如光线不足，则将照明灯安装好，调节光线以照射到适当的位置。

3.3　显微镜及解剖镜的保养

（1）使用前后用丝绸或比较柔软的布，将整个镜身抹净，然后用擦镜纸点上乙醚乙醇（$V_{无水乙醇}$：$V_{无水乙醚}=3:7$）将目镜及物镜玻璃抹干净。

（2）解剖镜的升齿轮不要加二甲苯。因为二甲苯能溶解齿轮内的滑油，会使镜体滑轮掉落。

（3）保存中应注意防尘、防潮、防发霉。显微镜室要保持干燥、无尘，要配置空调和吸湿机抽湿。如果在较长一段时间内不使用，则将目镜取下放于干燥瓶内，用硅胶吸湿，防止发霉。

4　作业和思考

（1）显微镜及解剖镜的简要构造有哪些?

（2）列出显微镜及解剖镜的使用过程的操作步骤和注意事项。

实验二 蚕卵、幼虫、蛹、成虫的外形及幼虫内部器官形态位置观察

1 实验目的

认识桑蚕卵、幼虫、蛹、成虫的外形和幼虫内部器官的形态及位置。

2 实验材料与用具

（1）材料：蚕卵、5 龄蚕、蛹、蛾及其浸渍标本。
（2）用具：解剖镜、解剖用具、培养皿等。

3 实验方法

3.1 蚕卵

（1）卵形、卵涡、卵色观察：取滞育与不滞育蚕卵，观察比较二者有哪些不同点。

（2）卵纹、卵孔、卵孔管和气孔观察：切取蚕卵较尖一端的卵壳一小片，冲洗干净后放在载玻片上，于低倍显微镜下观察卵纹与卵孔周边的斑纹有什么不同。然后再转到高倍显微镜下仔细观察卵孔管和卵表面的气孔有什么差别。

（3）卵内的卵黄膜、浆膜、卵黄粒和胚子等观察：取越年蚕卵，用解剖针轻轻挑开卵壳，从外至内观察卵黄膜、浆膜、卵黄粒和胚子。如难以区分卵黄膜和浆膜，可将一小块蚕卵放在 95 ℃的 8%～10% NaOH 溶液中 1～2 s，见卵色开始变化时取出，用清水洗净，然后小心挑开卵壳观察。

3.2 幼虫

3.2.1 观察蚕外形和体节

取 5 龄蚕观察，蚕体可区分头部和体部。头部略呈半球形，由骨质壳片构成；体部由 13 个环节组成，可分胸部和腹部，胸部有 3 个环节，腹部有 10 个环节。

（1）头部及口器：从头部表面看，有"人"字形沟缝，将头壳分成 3 块，

两块半球形头壳称颅侧板，两颅侧板间的三角形壳片为额，在额的下边有唇基与上唇连接。在颅侧板的侧面下方，各有6个隆起呈半球形的单眼。单眼的前方有左右成对的触角，触角由3个褐色骨质化小节组成。触角第2小节顶端生有两根长的刚毛，在第2、3小节顶端各有几个感觉突起。

口器：口器在唇基下方，由上唇、上颚、下颚和下唇四个部分构成，上唇在口器上方略呈倒凹形，其表面有6对感觉毛，里面有6个感觉突起。

上颚：上颚在上唇的下方，左右成对，由黑褐色的骨质构成，相对的边缘有锯齿，用于切撕桑叶。

下颚：下颚与下唇愈合成复合体，下颚成对在下唇两侧，由3节组成，顶端生有下颚须。下颚的上内方有瘤状体，在瘤状体上生有无节毛状突起和2根有节小突，有节突起是蚕的味觉器官。

吐丝器：在下唇前端中央突出一个白色圆锥形的吐丝管，管的末端开口，茧丝由此吐出。

（2）体部及附肢：体部分胸部和腹部。观察胸部和腹部各由多少个环节组成，各有多少对足，胸足或腹足是在哪些环节。

（3）气门：在蚕体两侧面的黑色椭圆形小孔为气门。观察气门在胸部和腹部各有多少对。

3.2.2　雌雄特征

取5龄1～2日蚕鉴别雌雄蚕。

（1）雌蚕：在第11、12环节腹面，各生一对乳白色的点状体，为雌生殖芽（石渡腺）。

（2）雄蚕：在第11、12环节之间腹面中央附在体壁内面的乳白色囊状体，为雄生殖芽（赫氏腺），外观为一白色小点。

3.3　蛹

蛹体呈纺锤形，分头、胸、腹三部分，其中胸、腹两部分有气门存在。

（1）头部：头部白色、很小、略呈方形，左右两侧有弯曲的触角附着蛹体。触角基部的下方是复眼，化蛹初期白色，逐渐变为黄褐色，近化蛾时一般变成黑褐色。左右复眼之间是口器，已显著退化，仅下颚膨大成椭圆形。

（2）胸部：胸部环节在背面容易区别，前胸最小，长方形，中胸最大，略呈五角形，后胸呈凹字形。中胸和后胸两侧各有一对翅附着蛹体，分称前翅和后翅。胸部各环节有一对胸足。紧贴在胸前腹面，大部分被掩盖。

（3）腹部：由9个环节组成（第9、10环节愈合），以第4、5、6环节最大，其前后的环节顺次缩小，第4、5、6、7环节之间能活动，称活动节。

（4）气门：共8对，第1胸节及第1—7腹节两侧各有1对气门，呈长椭圆形，筛板已退化。

蚕蛹雌雄特征明显。雌蛹腹部粗大，尾端钝圆，在第 8 环节的腹面中央有一条纵线与该环节的腹面前后两线形成略呈"X"形的线缝；雄蛹腹部较细，尾端锐圆，在第 9 腹节面中央有一个褐色小点。

3.4 成虫

又称蚕蛾，其全身被有鳞毛，分头、胸、腹三部分，其中胸、腹有气门分布。

（1）头部：呈卵圆形，密生鳞毛，两侧有大型的复眼和触角，下方是退化的口器。复眼呈椭圆半球形，由小眼整齐排列而成。触角是双栉状，雄比雌大。

（2）胸部：3 个环节，各有发达的胸足 1 对，中胸和后胸各生翅 1 对。

（3）腹部：雄蛾有 8 个环节；雌蛾有 7 个环节，以第 4、5、6 环节较大，向后渐小。雌蛾腹部较雄蛾腹部膨大。

（4）气门：前胸 1 对、腹部 7 对，共 8 对，前胸气门呈半月形向体的后方弯曲，腹部气门方向与此相反。

3.5 蚕体内部器官的位置

取两条固定的 5 龄蚕，分别用解剖剪从背面或腹面中线剖开，固定在蜡盆上，观察体腔内各器官、组织。

（1）消化管：是从头部到尾部纵贯在体腔中央的特别大的管。

（2）马氏管：在消化管后方两侧，各有 3 条细管沿着消化管向前延伸至消化管中部折回屈曲，最后进入直肠壁的为马氏管。

（3）丝腺：在消化管腹侧方有一对透明屈曲纵走的腺体称丝腺。

（4）气管：在消化管两侧各有一条沿体壁纵走的黑色细管，并有许多分枝。

（5）神经系统：从背面剖开将消化管除去，在腹中线靠近体壁纵走的一条有节的索为神经系统。

（6）背血管：从腹面剖开，固定在蜡盆上，将消化管除去。在体壁背中线下面，从头部到第 12 环节纵走一条管状器官，称背血管。

（7）生殖腺：在第 8 环节的背血管两侧有一对白色的生殖腺，雄的称睾丸，雌的称卵巢。

4 作业（绘图）

绘制幼虫、蛹的外形及蚕头部背面图，并标注各部位名称。

实验三 幼虫消化系统和马氏管组织构造观察

1 实验目的

认识蚕消化管的部位、组织构造和涎腺的形态组织构造；观察马氏管的位置、形态、组织、构造及在直肠壁内的分布状况。

2 实验材料与用具

（1）材料：蚕体横切玻片，前肠、中肠、后肠的横切玻片，涎腺全形玻片，涎腺横切片，背管横切片，Carnoy 液固定 5 龄蚕。

（2）用具：显微镜、解剖镜、解剖用具等。

3 实验方法与观察

3.1 消化系统

3.1.1 解剖

3.1.1.1 取固定的蚕，从腹或背面剖开，固定在蜡盆上观察消化管在蚕体内的位置及形状。区分前肠、中肠、后肠的部位。

（1）前肠：口腔、咽喉、食道各部，口腔位于最前端，两侧是上颚，上方是上唇，下方是下唇，后方和咽喉相连接，形状前宽后窄，呈漏斗状；咽喉位于头部内，是一条狭窄的细管，后接食道；从体壁分出四对咽开肌，这些肌肉收缩时咽喉扩大；食道位置在第一节内，前细后大，如倒置的漏斗状。

（2）中肠：呈圆筒状，前端略粗，后部较细，后部表面多皱褶，位于第2—9节，是消化管最粗大而长的部分。

（3）后肠：小肠位于第 9 节后半部，与中肠连接，呈漏斗状，后方和结肠连接处，左右两侧有马氏管开口；结肠位于第 10—11 节，在前后端及中央缢束，将结肠分为第一和第二结肠，肠壁形成 6 条纵沟；直肠是消化管最后膨大部分，其末端开口即为肛门，肠壁也形成 6 条纵沟，在直肠前端两侧有马氏管穿入肠壁。

3.1.1.2 观察贲门瓣、幽门瓣的形态和位置

（1）贲门瓣：位于食道与中肠内壁交界的地方，有上、下两片三角形的薄膜，用解剖剪沿着中肠前端交界处剪取，将近食道那端向上放于载玻片上，在解剖镜下观察。

（2）幽门瓣：幽门瓣位于小肠与中肠内腔交界处，呈环状的瓣膜，用剪刀在膀胱稍上处剪取观察。

3.1.1.3 观察涎腺的位置、形态、组织构造

（1）取蚕幼虫从腹面剪开，在前肠两侧有淡黄色的涎腺，形状有2～3回的弯曲，分排液管和分泌管，排液管前端连接上颚基部。

（2）取涎腺全形玻片标本，置于显微镜下观察。

（3）涎腺的组织构造：在显微镜下观察涎腺切片，是由一层多角形的腺细胞所构成，细胞核较大，呈分枝状，在腺细胞的外面有一层底膜，内面为几丁质内膜。

3.1.2 切片观察

取中肠或蚕体横切片，置显微镜下观察（由外而内）。

（1）肌肉层：在肠壁的外面有两层肌肉，纵走肌排列在外面，环状肌排列在里面。

（2）底膜：是肠壁细胞外面的一层极薄的膜。

（3）肠壁细胞：肠壁细胞可分为三种细胞，注意这三种细胞的特征。

① 圆筒形细胞：圆筒形细胞占多数，呈圆筒形，细胞核在中部呈圆形或椭圆形。

② 杯状细胞：呈杯形，细胞核较小，在基部。

③ 再生细胞：在圆筒形细胞与杯状细胞基部之间，由若干个集合成再生细胞群。

（4）微绒毛：在肠壁细胞的内表面，呈微细毛管状，向肠内腔突起，在显微镜下不很明显。

（5）围食膜：在微绒毛层的表层，为一层无细胞结构的薄膜。

取前肠（咽喉、食道）横切片和后肠（小肠、结肠、直肠）横切片置显微镜下观察其组织构造，可分为肌肉层、肠壁细胞、内膜，比较各层有什么不同。

注意：① 比较咽喉和结肠横切片有什么差异。

② 比较食道、小肠和直肠横切片有什么不同，说明如何区分三者。

3.2 幼虫马氏管

3.2.1 解剖观察

从腹面剪开蚕体，固定在蜡盆上观察，在小肠后端两侧是马氏管开口之处，管口膨大成囊状，称膀胱。由膀胱两侧各伸出一条管，每条再分为两条，其中每侧又有一条分为两条，结果两侧各分三条，共六条，沿着中肠向前行，分别延伸到背面、腹面、侧面，然后各自折回至小肠处，各管形成较多屈曲直到直肠前端，穿入直肠壁。

3.2.2　玻片观察

3.2.2.1　直肠壁内马氏管的形态及分布

直肠壁从外向内依次由肌肉层、单层膜、双层膜上皮组织、内膜等构成。马氏管从直肠前端穿入，先在单层膜和双层膜之间形成屈曲盘绕其间，此称外列马氏管，其管壁薄而管腔较大。以后穿过双层膜在上皮组织间迂回屈曲，称内列马氏管，管壁稍厚，各条马氏管至此以盲管终了。在直肠壁内的内列马氏管又称隐肾管，取直肠横切片观察，区分内外列马氏管。

3.2.2.2　观察马氏管的组织构造

取蚕体横切片于显微镜下观察。

（1）底膜：一层无细胞结构的薄膜。

（2）腺细胞层：由两列细胞抱合而成管状，细胞核呈树枝状（小蚕时呈球状），内腔有微绒毛层，近结肠部位马氏管的内腔呈蜂窝状凹凸不平。

3.2.2.3　膀胱的组织构造

（1）肌肉层：在最外面。

（2）底膜：在肌肉层内侧，是一层无细胞构造的薄膜。

（3）腺细胞层：由数个腺细胞构成膨大的囊状体，其内腔较大。

（4）内膜：在管壁最内层，为几丁质薄膜。

4　作业（绘图，需标注各部位名称）

（1）消化管的全形图。

（2）中肠的横切面的一部分图。

（3）马氏管的分布图。

实验四　桑叶消化速率和中肠淀粉酶的测定

1　实验目的

（1）测定桑叶通过消化管的速率。
（2）测定中肠的淀粉酶。
（3）测定中肠的 pH。

2　实验材料、用具与试剂

（1）材料：5 龄活蚕。
（2）用具：解剖镜、解剖用具、研磨器、培养皿、白磁板、棉花、布氏漏斗、试管、酸度计、pH 试纸、滤纸片。
（3）试剂：0.1％淀粉液、碘液、氯仿、苏丹红Ⅲ、二甲苯、蒸馏水等。

3　实验原理

（1）蚕食桑后，食物在消化管内因肠壁收缩蠕动而向后推送，这是一种机械的消化过程，食物在消化管内的移动速度，因蚕的龄期、饲育温湿度、叶质及饲育技术而异，快慢也不一致。从食桑开始到排粪所需的时间，取决于食物通过消化管的速率。

（2）蚕的中肠分泌消化液，是进行消化和吸收的主要部位。中肠肠壁细胞中的圆筒形细胞和杯状细胞，能分泌类胰蛋白酶、淀粉酶、蔗糖转化酶、脂肪酶等多种酶。利用消化液中淀粉酶使淀粉水解，水解的程度可用碘来测定。淀粉未经酶水解时与碘作用呈蓝紫色；淀粉经酶水解后产物糊精遇碘呈紫红色；麦芽糖与碘作用呈红色；完全水解后与碘作用呈无色（单糖遇碘为无色）。

4　实验方法

4.1　测定桑叶通过消化管的速率

（1）取桑叶 2 片分别涂上苏丹红Ⅲ。

（2）将以上桑叶给 5 条蚕（经 24 h 饥饿的蚕）吃，食桑约 0.5 h 后，更换一般桑叶（记录开始食桑时间）。

（3）将喂食了涂有苏丹红Ⅲ桑叶的各条蚕排出的粪，逐粒放在白磁板上（记录排粪时间），将粪压碎，各加 1 滴二甲苯。其呈现颜色为由浅到深、再到浅，以最深色者作为测定时间。

4.2　中肠淀粉酶的测定

（1）取 5 条蚕剖出中肠洗去桑叶，放在玻璃研磨器中，加水 3 mL，将其磨碎，在研磨过程中再加入 3 mL 水，静置后取上清液备用。

（2）取 2 支试管，各加入 1 mL 0.1％淀粉液，一支试管加入 4～5 滴蒸馏水作为对照，另一支试管加入 4～5 滴中肠液。

（3）将对照和有肠液的试管分别记号，每隔 10～15 min 用滴管从各试管中吸取 1 滴，分别滴在白磁板上，各加碘液 1 小滴，观察颜色变化。

4.3　分别测定 pH

将饥饿 12～16 h 的 5 龄盛食蚕 10 条放在漏斗，然后用药棉取少许氯仿放入漏斗内，用培养皿盖上，下面用烧杯接取肠液，取肠液 2 mL，然后稀释 5 倍，用酸度计测出 pH。另用滤纸片蘸取少许氯仿，靠近蚕的口器，刺激蚕吐出肠液，用 pH 试纸测定肠液 pH；再剪去蚕的一个腹足，用 pH 试纸测定血液 pH，对比肠液与血液的 pH 有什么差别。

5　作业

撰写实验过程，记录实验的结果并分析。

实验五　家蚕马氏管排泄机能的测定

1　实验目的

测定马氏管的排泄机能。

2　实验材料、用具与试剂

（1）材料：5 龄活蚕。
（2）用具：解剖镜、解剖用具、微量注射器（可用胰岛素注射器）。
（3）试剂：0.1％中性红溶液、蒸馏水。

3　实验原理

马氏管的排泄物通称蚕尿，蚕尿主要为不溶于水的尿酸及其盐类，还有少量的草酸钙结晶等其他物质，隐肾管从直肠囊中吸收的水分和盐类，以及前行管从血液中吸收尿酸、无机盐、低分子化合物，由于直肠壁肌肉的收缩和隐肾管不断从直肠中吸收水分，会对隐肾管内容物产生一种压力，形成一股液流将内容物压向前方，膀胱处肌肉的收缩和食物残渣向后流动也产生了对内容物的抽吸力，使马氏管内容物不断地从隐肾管流向膀胱。

4　实验方法

（1）用注射器吸取 0.1％中性红溶液，排除注射器内的气泡。
（2）注射少量（约体容积的 5％）中性红于蚕体腔内（注意不要太深，以免伤害消化管），经 30 min 后，解剖观察马氏管各部分的颜色情况，以后每隔 20 min 解剖一条蚕，记录颜色在马氏管的分布位置。
（3）取注射 30 min 后的蚕，从背面或腹面剖开，并将其固定在蜡盆上，于解剖镜下观察到中、后肠间的马氏管内容物，然后加约 2 mL 蒸馏水，立即观看马氏管内容物的流动情况。

5　作业

撰写实验过程，完成实验的结果与分析。

实验六　血细胞吞噬作用的观察和血液 pH 的测定

1　实验目的

血细胞吞噬作用的观察，血液 pH 的测定。

2　实验材料、用具与试剂

（1）材料：5 龄活蚕。
（2）用具：解剖镜、显微镜、注射器、棉花、波氏漏斗、试管、pH 试纸、滤纸片。
（3）试剂：碳酸锂洋红。

3　实验原理

吞噬作用是指将较小的外来物逐步消化、吸收的过程。血液中的浆细胞、颗粒细胞都具有吞噬作用，尤其是颗粒细胞，可以吞噬病原体、组织残屑及其他的血液异物（墨水、细菌、多角体等）。

4　实验方法

（1）用注射器吸饱和的碳酸锂洋红液，排去注射器内的气泡后，在蚕腹足附近进行皮下注射。
（2）注射后 1.5～2 h，剪取蚕尾角取血于玻片上，用显微镜观察吞噬作用。
（3）取 5 龄蚕剪腹足或尾角采血液 2 mL，用 pH 试纸测其 pH，然后稀释 5 倍，用酸碱计测出 pH。

5　作业

撰写实验过程，完成实验的结果与分析。

实验七 幼虫体壁、肌肉、神经 系统构造观察

1 实验目的

（1）认识幼虫体壁的结构、蜕皮腺的形态位置和组织构造。
（2）了解蚕体内肌肉的分布和排列。
（3）观察蚕幼虫神经系统位置、形态和组织构造。

2 实验材料与用具

（1）材料：固定的5龄蚕、活的5龄蚕、蚕体横切玻片、神经系统全形玻片、脑切片、5龄蚕体壁切片标本、5龄蚕蜕皮腺切片标本。
（2）用具：解剖镜、显微镜、解剖用具。

3 实验方法

3.1 体壁

3.1.1 观察蚕体壁的组织结构

（1）取蚕体壁切片或蚕体横切片在显微镜下观察不同的染色层次，上面的一层是表皮层，下面的一层是真皮层，注意这两层的构造有何不同，表皮层能否区分出内表皮、外表皮、上表皮三层？

（2）真皮层：是一层柱状的细胞层，核呈球形，细胞中含有色素、尿酸盐类结晶物（油蚕不含或少含尿酸盐结晶物），有的真皮层细胞特化成毛原细胞、蜕皮腺及感觉器。

（3）底膜：是一层由中性黏多糖组成的透明薄膜，紧贴真皮细胞层。

（4）体壁突起：取蚕体横切片，观察表皮上生有许多针状、刺状、棒状等的非细胞性的小突起和细胞性突起，如刚毛是由真皮细胞特化的毛细胞生出的。在刚毛基部周围的表皮隆起称乳突，乳突中央的圆形孔称毛窝，毛窝周围的薄膜称毛窝膜。

3.1.2 解剖观察蜕皮腺的位置及其组织构造

（1）取 5 龄眠蚕从腹面剖开，固定在蜡盆上，置解剖镜下，小心除去消化管以及气管丛与背管之间的脂肪、肌肉等组织，可见有椭圆形的白色囊状附着体壁内侧，为蜕皮腺。注意观察各个环节的蜕皮腺的形态、位置有什么不同，并留意其数量。

（2）取蜕皮腺切片，置显微镜下，观察蜕皮腺的组织构造。

3.2 观察蚕背、腹面肌肉的排列

3.2.1 从蚕背面、腹面各纵剖一条蚕，固定在蜡盆上，除去消化管、丝腺、脂肪等，观察胸部肌肉排列。注意区分纵肌、横肌、斜肌。

（1）纵肌：与体轴平行排列。

（2）横肌：与体轴垂直排列，仅在气管上有横肌。

（3）斜肌：与体轴成角度排列。

在一个节内的为内节纵肌或斜肌，超过一个节的为外节纵肌或斜肌。肌肉只占节长 1/2、1/4 和 3/4 的则分别称为 1/2、1/4、3/4 纵肌或斜肌。

3.2.2 观察肌肉的组织构造

取蚕体横切玻片，置于显微镜下观察：

（1）体壁上肌肉束及体腔内的内脏肌有什么异同，哪种肌肉横纹更明显？

（2）肌肉如何与体壁连接，连接的肌腱与体壁的结构有什么不同？

（3）肌纤维的构造：为多核细胞，肌核圆形或椭圆形，在肌膜内侧；肌纤维由许多肌原纤维组成，肌原纤维是由蛋白质性的两种粗、细肌丝与肌原纤维的长轴平行而成，所以呈不同的折光现象，在显微镜下可见到明暗相间现象，对光线呈双折射的为暗带，对光线呈单折射的为明带。

3.3 神经系统

3.3.1 解剖观察神经系统位置、形态和组织构造

用剪从蚕的尾背面角纵向解剖至头部的前端，固定在蜡盆上，在解剖镜下小心观察咽喉，背面有略呈紫褐色的脑，然后左手用解剖针按着脑，右手用镊子轻轻地拉出消化管。可见由脑两侧分出前额神经、上唇神经、触角神经、视觉神经、咽侧神经索、围咽神经。在咽喉下有咽下神经节，由咽下神经节分出的分别通到上颚、下颚、下唇的神经。在胸部有 3 对神经节，腹部有 8 对神经节，神经节之间有神经索相连接。各对神经节由左右两个愈合而成，胸部神经节略呈五角形，腹部的略呈六角形，腹部神经索也由两条并列成一条。各神经节前后两端各向左右伸出两条神经并分别附到背面、腹面的肌肉和体壁上，为外周神经，又由胸、腹神经后部伸出一条神经，沿神经索向后方纵走到下一个

神经节前方,向左、右分枝而延伸到气门及背血管,控制气门开闭及背血管搏动,为交感神经。

3.3.2 观察神经节、神经索、神经分枝的组织构造

取蚕体横切玻片观察,注意以下几项。

(1)神经节、神经索、神经分枝的组织构造的异同。

(2)神经鞘:外层为非细胞的神经外膜,内层为细胞层,称神经束膜。

(3)周皮层(神经细胞层):细胞体较大,细胞质均一,为运动神经元,偏于内侧。细胞体较小,细胞质也极少,为联络神经原。

(4)髓质:在神经节中央部分,充满丝状神经纤维。

4 作业(绘图,并标注各部名称)

(1)绘制神经节横切面图。

(2)绘制神经系统全形图。

(3)绘制体壁的横切面(包括刚毛和蜕皮腺)(注意描述:①蜕皮腺如何与体壁连接;②导管细胞和分泌细胞及其核的形态有什么不同;③新旧表皮的隔离)。

实验八　幼虫内分泌组织构造观察

1　实验目的

认识家蚕各种内分泌腺的位置、形态、组织构造。

2　实验材料与用具

（1）材料：固定的 5 龄蚕，5 龄活蚕，脑切片，咽下神经节切片，咽下神经节、脑、前胸腺、食道下腺、周气管腺、咽侧体、绛色细胞等全形玻片。

（2）用具：解剖镜、显微镜、蜡盆、解剖用具。

3　实验方法

（1）脑分泌细胞的观察：取脑切片、脑全形玻片并解剖活蚕的脑在显微镜下观察，在脑的中央、侧方、前方、后侧方都有较大型的神经分泌细胞，分泌脑激素。

（2）咽下神经节的观察：取咽下神经节切片和全形玻片并解剖 5 龄活蚕的咽下神经节在显微镜下观察，咽下神经节周皮层中有较大型的神经分泌细胞，具有分泌滞育激素的功能。

（3）咽侧体的观察：解剖开蚕头部，咽侧体在咽喉两侧与涎腺之间的咽侧神经的下方，由 20～30 个球状分泌细胞构成，外面包着共肌膜，细胞质内有分泌颗粒，为左右成对类球形白色小体，分泌保幼激素，取咽侧体全形玻片观察。

（4）心侧体的观察：将蚕头部解剖开，心侧体位于咽侧体神经的 2/3 处，呈多角形并有多条神经伸出，与咽侧体同在一条神经上左右成对，能贮存脑激素和分泌心侧体激素。此激素可控制调节水分代谢和碳水化合物代谢。

（5）前胸腺的观察：用剪刀从蚕背纵剖开，除去消化管，固定在蜡盆上，在第一气管丛上面，有乳白色、半透明的扁平带状左右成对的前胸腺。可分为杆部、前枝、中枝和后枝四部分。由许多多角形或椭圆形的分泌细胞组成，外包一层共同膜。细胞核在小蚕时呈球形，大蚕时呈树枝状。其功能为周期性分泌蜕皮激素。

（6）食道下腺的观察：呈白色宽带状体，位于第一胸节食道的腹面，横在前部丝腺上，从背面解剖时小心除去食道就可观察到。

（7）周气管腺的观察：白色扁平呈网带状，分布在纵走气管的内侧后端达第8气管丛。周气管腺细胞扁平、核不正、形稍长，周气管腺的颜色与血液色、茧色一致。

（8）绛色细胞的观察：由一群30多个淡黄色的大型细胞组成，细胞经结缔组织连串而成。用镊子除去纵走气管与腹部横走气管之间的脂肪就可见到位于腹部气门内方腹面横走气管下面的绛色细胞。其细胞核的形状和大小随发育而变化。每次蜕皮前细胞核发生分枝，原生质中出现液泡，眠起后细胞核变圆、液泡消失。

4　作业（绘图，并标注各部名称）

绘制前胸腺、脑-心侧体-咽侧体、食道下腺、周气管腺图。

实验九　幼虫背血管、血细胞的形态观察和血片的制法

1　实验目的

（1）认识背管、翼肌、血细胞等的形态和构造。
（2）蚕血玻片的制法。

2　实验材料、用具与试剂

（1）材料：固定 5 龄蚕、背管横切片、背管全形玻片、翼肌全形玻片、血细胞玻片、活蚕、蛹、蛾。
（2）用具：解剖器、解剖镜、显微镜、载玻片、盖玻片、蜡盆等。
（3）试剂：赖氏（Wright）染色液、30％乙醇、50％乙醇、0.1％次甲基蓝水溶液（次甲基蓝 1 g 加水 1 000 mL）、0.000 6％乙二酸。

赖氏染色液的配制：取赖氏染色剂 0.3 g 加甲醇（使用不含丙酮的甲醇）100 mL，过滤后即可使用。

3　实验方法

3.1　解剖观察

（1）背管：取 5 龄固定蚕，从腹中线剖开，固定在蜡盆上，除去消化管、丝腺等组织，在背面中线有一条管状的组织，为背管，起于头部，终于第 12 节前缘，前端较细，后端较粗，头部至第 1 胸节部分为大血管，第 2 胸节以下为心脏。

（2）心门：加 2 滴次甲基蓝水溶液，使背血管着色后，取背血管一小段于显微镜下观察心门，从第 2 胸节至第 12 节各有心门一对，共 11 对。

（3）翼肌：从第 5 节起，背管两侧附有扇状肌肉，叫翼肌，共 8 对，有围心细胞交织在翼肌上。

3.2　蚕体横切玻片背管组织构造的观察

（1）背管组织：背管略成椭圆形，主要由肌肉层构成，肌肉外面有一层薄

膜，称心脏外膜，肌肉层内面也有一层内膜（心脏内膜），肌肉层为横纹原纤维。

（2）围心细胞：在背管壁内外附有许多围心细胞，观察围心细胞的形状。

3.3　血液涂抹玻片的制作及各种血细胞的观察

3.3.1　血液涂抹玻片的制作

取活的蚕剪去尾角，滴 1 滴血液于玻片上，取另一玻片，斜置血滴上，把血滴顺玻片向一边涂抹，待稍干后滴上 1～2 滴赖氏染液，静置 1 min 后，加等量蒸馏水，使与染液混合，经 2 min 后，将玻片用蒸馏水冲洗除去多余色泽，放置于显微镜下观察，如染色过深，用 0.000 6% 乙二酸浸过血片约 2～3 s，如再稍深就用 30%～50% 酒精浸泡 50～60 s，如染色较好，用滤纸吸干，待干燥后用中性树胶封好。

3.3.2　认识各种血细胞的形态

（1）原白细胞：球形或卵形，有时呈纺锤形，直径为 6～8 μm，核的直径为 4～6 μm，细胞质有较强的嗜碱性。

（2）浆细胞：纺锤形或近似纺锤形，采血在载玻片观察时，很快附着在玻片上，并向四周伸出针状的细胞质突起，纺锤形的浆细胞长为 10～17 μm，核圆形或细长形，圆形的直径为 5～7 μm，细胞质呈弱的嗜碱性，一般不含有明显的颗粒。

（3）颗粒细胞：颗粒细胞比其他血细胞多，呈球形、卵形、椭圆形，直径一般为 5～12 μm，核比浆细胞和原白细胞的小，普遍为 3～5 μm，细胞质呈嗜碱性，含有很多大小不一的颗粒。

（4）小球细胞：球形、卵形或椭圆形，细胞质内充满直径为 2～5 μm 的小球，因此细胞凹凸不平，小球多数被中性红染色，一个细胞中可有小球多个至数十个，球形小球细胞的直径为 6～12 μm。

（5）巨大细胞：亦称拟绛色细胞，呈球形或椭圆形，直径一般为 12～17 μm，细胞质一般呈嗜碱性，常可见有一个至数个纺锤形或半月形内含物。

4　作业（绘图，并标注各部名称）

绘制背管一段与各种血细胞图。

实验十　丝腺形态构造观察

1　实验目的

通过实验认识丝腺的形态、位置和组织、构造，并进一步了解其生理机能。

2　实验材料与用具

（1）材料：固定的 5 龄蚕、各龄蚕丝腺标本、3～4 龄活蚕、吐丝管全形标本、蚕体横切玻片、丝腺的组织切片。

（2）用具：解剖器、显微镜及其他解剖用具。

3　实验方法

3.1　解剖观察

用解剖器沿蚕的背纵剖，固定在蜡盆上，除去消化管即见丝腺，观察其形态。区分各部分并注意气管分布到各区的情况。

（1）吐丝管：在丝腺最前端，可分为吐丝区、榨丝区、共通区，在共通区后端有一对菲氏腺。

（2）前部丝腺：为一对粗细稍均匀的细长管，5 龄蚕略有屈曲。

（3）中部丝腺：是丝腺中最粗大的部分，和前后部分丝腺连接处急促缩小，由两度屈曲分成前、中、后三区（前区纵跨第 6—9 节，中区纵跨第 2—9 节，后区纵跨第 2—7 节），有气管及肌肉分布其上，有供氧及固定位置的作用。

（4）后部丝腺：接中部丝腺后区，管的大小一致，多扭曲，大蚕可达 50 回扭曲以上，并有许多气管和肌肉分布，以供氧及固定位置。

（5）取 3～4 龄蚕（活蚕），解剖观察丝腺的六角形的腺细胞的组织构造，在哪个部位最明显？

3.2　玻片标本观察

（1）吐丝管全形标本：榨丝区中间膨大，纵线中间有一条纵沟，沟中配置一条黑色剑状几丁质压杆，与压杆相对的腹面有一个半管状的黑色几丁质片。在榨丝区背面，向上、向侧、向下共生出 6 条肌肉束，分别固着于体壁上，该肌肉的伸缩可调节榨区内腔的大小，有调节茧丝粗细的作用。菲氏腺是一对如葡萄状的腺体，以导管开口在共通区的后区背侧方。

（2）蚕体横切玻片，观察丝腺的组织、构造及其内容物。丝腺的组织构造分三层，即底膜、腺细胞、内膜；腺腔内的物质有丝胶、丝素两种，各着色深浅不同。

（3）观察前、中、后部丝腺横切玻片，注意其腺细胞及内膜有什么不同，腺细胞核的分枝情况有什么不同。

（4）观察各龄丝腺发育状况。

4　作业（绘图，并标注各部名称）

（1）丝腺全形图。
（2）吐丝管放大图。
（3）前、中、后部丝腺横切图。

实验十一　呼吸系统和脂肪体组织构造观察

1　实验目的

（1）了解蚕体内气管的分布情况，气门位置、形状，气门开闭装置，气管组织构造；观察气门开闭活动情况。

（2）认识脂肪体的分布、形态和构造。

2　实验材料、用具与试剂

（1）材料：固定的5龄蚕、气管切片、气管全形玻片、脂肪切片、气门全形玻片、气门开闭装置玻片、5龄6日活蚕。

（2）用具：解剖器、解剖针、解剖镜、显微镜、培养皿等。

（3）试剂：1‰中性红溶液。

3　实验方法

3.1　呼吸系统

（1）观察幼蚕胸腹部气门，注意其数目及位置。

（2）取蚕气门全形玻片，置于显微镜下，观察其形态构造，气门周轮两侧较厚，顶端和底端较薄，气门周轮中间的部分叫气门腔，着生许多树枝状突起，交织成筛板，中央有一条纵线裂缝。

（3）取蚕幼虫气门开闭装置玻片标本于显微镜下观察其构造，在气门的内面，有两片透明薄膜附着在气门轮前后缘，即前膜和后膜，在前后膜的游离边缘有骨化的闭弓和第二闭弓；后膜向后方折叠成为次后膜，注意观察在后膜之间怎样伸出一条黑褐色骨化的闭锁杆，闭锁杆末端有两条肌肉，一条向背面附着在体壁上称为开肌，另一条连接于第二闭弓下端，称为闭肌，闭肌的另一端与维尔桑氏肌相连，维尔桑氏肌另一端附着在腹面体壁上。

（4）观察胸部腹部的气管分布，取蚕从背面纵线剪开，去除消化管，观察纵走气管、气管丛、胸部两组十字气管和各环节纵走气管接驳处的灰白部。

（5）取蚕气管全形玻片，观察气管的螺旋丝和没有螺旋丝的灰白部。

（6）取气管横切玻片，观察气管的组织结构，气管组织分三层。底膜：为非细胞的透明的薄膜，在最外层；管壁细胞：排列齐整、细胞呈扁平六角形，细胞核大而圆；内膜：为几丁质，具有黑褐色的螺旋丝。

（7）观察 5 龄蚕气门开闭装置活动情况，记录每分钟关闭次数。取 5 龄蚕在解剖镜下用解剖针（或刀片）小心地将一个气门的筛板一条条剔掉。然后在解剖镜下观察气门开闭活动情况，并记录每分钟气门活动的次数。

3.2 脂肪体

解剖观察：用解剖器从幼虫背中线剖开，固定在蜡盆上，观察消化管、丝腺、体壁和肌肉之间呈白色或黄色带状的脂肪体。

玻片标本观察：取蚕体横切玻片置于显微镜下观察脂肪体的组织构造。脂肪体由许多脂肪细胞聚合，外面包一层薄膜而成。近体壁的外层脂肪体呈带状，由 1 列圆筒形脂肪细胞集合而成，细胞相对较大；近消化管的内层脂肪呈纺锤形状，细胞多角形，核小而圆，原生质均呈网状，其中含有很多大小不等的脂肪球和蛋白质颗粒等，脂肪球大多数在细胞原生质的边缘。

4 作业（绘图，并标注各部名称）

（1）气管的组织结构图。
（2）幼虫气门开闭装置图。
（3）脂肪体图。

实验十二　幼虫和成虫生殖器、精子、卵子形态观察

1　实验目的

（1）认识雌雄蚕生殖器的形态和位置和雌雄蛾内外生殖器。

（2）观察小蚕—大蚕—熟蚕—蛹—蛾的睾丸和卵巢的发育变化；认识其睾丸、卵巢的组织构造和精子、卵子的形成过程。

2　实验材料、用具与试剂

（1）材料：活的雌、雄蛾及浸渍标本；幼虫、蛹、蛾的睾丸、卵巢的全形和切片玻片；精子涂抹玻片标本。

（2）用具：解剖镜、显微镜、解剖用具、小称量瓶、滤纸。

（3）试剂：$CHCl_3$（氯仿）。

3　实验方法

3.1　解剖观察雌雄蚕生殖器的形状、位置

（1）雌蚕生殖器的解剖。取雌蚕沿着腹面中线剖开，固定在蜡盆上，除去消化管和丝腺，在第8节的背管两旁有一对略呈三角形的卵巢，卵巢的外侧下方连接生殖导管。

取另一雌蚕从背面中线剖开，除去消化管、丝腺，沿着导管除去导管附近脂肪、肌肉，注意观察导管与第10—11节和与体壁连接处。

（2）雄蚕生殖器官的解剖。取雄蚕沿着腹中线剖开，固定在蜡盆上，除去消化管、丝腺等组织，在第8节背管两旁，有一对睾丸，在睾丸基部稍凹陷的地方伸出导管。

取另一雄蚕沿背面中线剖开，除去消化管、丝腺等，在解剖镜下沿着导管除去脂肪和肌肉，注意导管与11—12节的生殖芽连接与雌蚕有什么不同。

3.2　蚕蛾外生殖器官的观察

（1）雌蛾外生殖器的观察。取雌蛾观察其腹部末端，第 8、9、10 腹节变成雌蛾外生殖器。第 8 腹节腹板形成坚硬的锯齿板，第 7 腹节腹板与锯齿板间的正中线上方有一交配孔。注意观察交配孔、侧唇、诱惑腺、产卵孔和肛门的形状、位置。

（2）雄蛾外生殖器的观察。取雄蛾观察其腹部末端，由第 9、10 腹节变成雄蛾外生殖器。注意观察：第 9 腹节变成菱形骨片、阳茎、基腹弧、抱器。第 10 腹节变成钩形突、匙形突。

3.3　蚕蛾内生殖器官的解剖观察

3.3.1　雌蛾内生殖器官

用解剖剪沿着雌蛾第 7 腹节体壁剪一圈，注意避免剪到肠道和卵巢管，将蚕蛾固定于蜡盆上，加清水浸过蛾体，用镊子固定蛾的胸部，另用一镊子夹住尾部，轻轻向后拉，直到卵巢管完全拉出为止，小心除去脂肪、气管等。注意观察：

（1）卵巢管共有几条？分为几组？端丝如何连接 4 条卵巢管？

（2）中输卵管与侧输卵管如何连接？在中输卵管上找受精囊，观察受精囊形状。

（3）产卵管连接中输卵管，末端开口于侧唇腹面的产卵孔。

（4）交配囊下端有条交配导管，开口位于第 7 至第 8 腹节间腹中线的交配孔，观察精子导管如何连接交配囊与前庭。

（5）黏液腺的位置、形状。

3.3.2　雄蛾的内生殖器官

取雄蛾从腹面剖开固定在蜡盆上，加清水浸过蛾体，用镊子除去消化管、脂肪、气管等组织。注意观察：

（1）睾丸的形状，输精管如何与睾丸和贮精囊连接。

（2）从形状和位置区分贮精囊和射精囊。

（3）射精管：是一条屈曲的长管，后端与阳茎连接。

（4）附腺：先端分开，基部合一，与射精囊连接。

3.4　睾丸、卵巢发育、组织构造和精子、卵子的形成过程

3.4.1　观察睾丸的发育，组织构造和精子的形成过程

（1）比较小蚕、大蚕、熟蚕、蛹、蛾的睾丸全形玻片，注意有什么变化。

（2）详细观察大蚕睾丸切片，区分睾丸外膜、结缔组织层、内膜、端细

胞、精原细胞、生精囊、精子囊和睾丸基室等组织。

（3）观察大蚕、熟蚕、蛹、蛾的睾丸切片，注意端细胞、精原细胞、生精囊、精子囊在睾丸室内分布有什么不同？睾丸室与睾丸基室是否相通？

（4）观察大蚕、蛹、蛾睾丸切片的睾丸室和生精囊内哪些细胞进行着分裂？分裂中期的细胞的染色体排列情况与前期细胞有什么不同？

（5）取精子涂抹玻片，观察精子形状及生殖细胞分裂中期染色体排列。

精子涂抹玻片制法：解剖取出 5 龄第 3～4 日的睾丸，放在载玻片上，刺破睾丸膜，将内容物涂于玻片上，晾干后滴上 1％地依红（地依红 1 g 溶于 100 mL 45％乙酸中，煮沸使完全溶解，过滤），15 min 后水洗，盖上盖玻片，置于显微镜下观察。

3.4.2　观察卵巢的发育、组织构造和卵子在卵管内的发育过程

（1）取 2、3、4、5 龄蚕、熟蚕和化蛹第 1、2 日卵巢的全形玻片，在显微镜下注意观察各个卵巢内卵管的变化增大情况。

（2）取蛹期卵管全形玻片，区分原卵区及生长区（卵黄区）并比较卵黄区的前部和后部营养细胞有什么变化。

（3）取熟蚕或蛹初期的卵巢切片观察：注意营养室与卵室有什么不同？卵泡细胞层的厚薄是否相同？两个小室之间的桥带是否随着卵细胞发育而变细？

4　作业（绘图，并标注各部名称）

（1）雌雄蛾内生殖器全形图。

（2）大蚕的睾丸室（包括各个发育时期）。

（3）卵管一段包括卵室和营养室。

实验十三　家蚕性外激素检测

1　实验目的

了解蚕的化学感受器对性外激素的反应。

2　实验原理

昆虫性外激素，又称性信息激素，桑蚕雌蛾诱惑腺分泌性外激素（桑蚕醇）于体外，扩散于周围环境空气中。而雄蛾的触角有许多毛状感受器对桑蚕醇有专一性的感受，具有引起雄蛾性行为反应的生理效应。雄蛾触角和下颚须的化学感受器的膜，接受到性外激素以后，便会产生感受器电位，传递给肌肉或其他反应器，产生一定的行为。用触角电位法可以精密测得每个化学感受器对性外激素的反应。

3　实验材料、用具与试剂

（1）材料：活的雌、雄蛾标本。
（2）用具：解剖用具、小称量瓶、滤纸、研钵、胶头吸管。
（3）试剂：$CHCl_3$。

4　实验方法

4.1　桑蚕醇的提取

（1）用剪刀取 10～15 个刚羽化未交尾的雌蛾的连同生殖瓣的诱惑腺。

（2）将剪取物放于研钵内，加 $CHCl_3$ 3 mL，立即磨碎，黄色的液体为粗提出的桑蚕醇。

（3）用胶头吸管吸取黄色液体于小称量瓶中，再用 $CHCl_3$ 冲洗 3 次，同样吸取黄色液放于小称量瓶中备用（注意 $CHCl_3$ 易挥发，研磨速度要快，放桑蚕醇的瓶一定要密封）。

4.2 测雄蛾对桑蚕醇的反应

（1）取长 7 cm 的滤纸 2 张，其中一张吸取 $CHCl_3$ 液作对照，另一张吸取提取液（桑蚕醇）。

（2）将以上两张滤纸分别放在离未交配过的雄蛾的 4～5 cm 处，观察雄蛾的反应。然后再移动滤纸观察雄蛾是否跟踪有桑蚕醇的滤纸移动。再移动只有 $CHCl_3$ 的滤纸，观察雄蛾的反应。

（3）剪除雄蛾一侧触角后，用吸有桑蚕醇滤纸引诱，观察其反应如何？

（4）剪除雄蛾两侧触角后再进行上述操作，观察雄蛾的反应如何？

5 作业

撰写实验过程，完成实验的结果与分析。

实验十四 家蚕翅原基的解剖与形态观察

1 实验目的

通过实验认识翅原基与造血器官的形态、位置、组织、构造，并进一步了解其生理机能。

2 实验原理

家蚕属于完全变态昆虫，其幼虫先以成虫器官芽（也称为成虫盘）存在于幼虫体内。成虫盘携带分化成特定成虫组织器官的遗传信息，但在幼虫期某些基因处于被阻遏状态，故不发育，到达蛹期后就会迅速分化发育，分化成适合成虫生活需要的组织与器官。翅原基就是完全变态昆虫的成虫盘之一，共有两对，分别位于第 2 和第 3 胸节的两侧，将来发育为成虫的翅。家蚕幼虫的翅原基外被表皮，由表皮形成翅囊，翅芽生长在翅囊内部，而在幼虫翅原基的内侧紧密附着家蚕的造血器官。在化蛹变态中，包被造血器官的被膜崩坏，造血器官也就此消失，化蛹后翅原基外翻形成蛹翅，蛹翅表皮下面是将来发育为成虫翅的翅芽。

3 实验材料、用具与试剂

(1) 材料：固定的 5 龄 3 日蚕、翅芽切片、5 龄 3 日活蚕。
(2) 用具：解剖器、解剖镜、显微镜、蜡盆、镊子、载玻片、盖玻片。
(3) 试剂：1%中性红溶液。

4 实验方法

4.1 解剖观察

分别取固定的 5 龄 3 日蚕和 5 龄 3 日活蚕，用解剖器沿蚕的腹纵剖，固定在蜡盆中，除去消化管、丝腺、气管丛等，在第 2、第 3 胸节背两侧有两对突起，前翅较大，呈三角形，后翅较小，略呈圆形，与背体壁相连；用镊子将其取出，置于载玻片上，滴 1 滴 1％中性红溶液进行压片观察其组织形态和细胞特点。

4.2 玻片标本观察

取翅原基切片进行观察：翅原基外被表皮，由表皮形成翅囊，翅芽生长在翅囊内部，而在幼虫翅原基的内侧紧密附着家蚕的造血器官。

5 作业（绘图，并标注各部名称）

（1）翅原基在蚕体内的位置与形态。
（2）翅原基横切图。

实验十五　蚕蛹内部器官形态观察

1　实验目的

认识蚕蛹内部器官的形态特点，解剖了解蚕蛹内部器官的形态特点，这对研究家蚕发育生物学和繁殖有着重要意义。

2　实验原理

家蚕属于完全变态昆虫，其幼虫与成虫在外部形态和内部构造上差异很大，所以要经过一个过渡形态即蛹的阶段，幼虫专用组织器官会被分解破坏，退化消失，一部分幼虫器官，虽不会彻底分解，但也会经过局部解离，蜕变成具有成虫形态与机能的器官。成虫盘到达蛹期后就会迅速分化发育为成虫组织。

3　实验材料与用具

（1）材料：化蛹 3 天的蚕蛹及其浸渍标本。
（2）用具：解剖镜、解剖用具等。

4　实验方法

取化蛹 3 天的蚕蛹浸渍标本，用解剖剪分别从背面腹面中线剖开，固定在蜡盆上，观察体腔内各器官、组织。
（1）消化管：是从头部到尾部纵贯在体腔中央、两头小中间大的管道。
（2）马氏管：游离体腔内，两侧各有 3 条细管汇聚到消化管中间膨大部（中肠）后方进入消化道。
（3）丝腺：只在胸腹部交界部位腹侧方各有一团逐渐消亡的丝腺残留物。
（4）气管：在躯体两侧变成白色的细管，并有许多分枝。
（5）神经系统：脑变大，并在两侧长出复眼和连接复眼的巨大视神经，神经索变粗，3 对胸神经节连接缩短。

（6）背管：取另一条蚕蛹从腹面剖开。固定在蜡盆上，将消化管除去。在体壁背中线下面纵走一条透明管状器官。

（7）生殖腺：分别解剖雌、雄蚕蛹，在第8环节的背血管两侧有一对白色的生殖腺，睾丸比幼虫期小，卵巢变大，卵巢膜已解离出卵巢管。

5 作业（绘图，并标注各部名称）

绘制蚕蛹内部器官形态图。

实验十六 蚕体全形玻片标本制作

1 实验目的

通过实验掌握全形玻片标本的制作方法。

2 实验原理

可以通过固定、染色、脱水、透明和树胶封固等方法及步骤将虫体或组织制作成可长期保存的玻片标本。

3 实验材料、用具与试剂

（1）材料：固定家蚕。

（2）用具：解剖镜、解剖用具、载玻片、盖玻片、烘干箱等。

（3）试剂：卡尔纳固定液，浓度梯度为75％、80％、90％、95％和100％的乙醇，70％酸性乙醇，70％碱性乙醇，硼砂洋红，苏木精染液，香杉油，二甲苯，中性树胶等。

4 实验方法

（1）材料固定和解剖：以卡尔纳固定液固定家蚕（在课前完成），解剖出各种器官。

（2）染色：取解剖出的组织器官，放于75％乙醇中，经5～15 min之后，移入乙醇硼砂洋红染色液中或苏木精染液中，约30 min。

（3）脱色：移标本于70％酸性乙醇中，脱去多余的色（酸性乙醇的配制以0.5 mL无水乙酸，加入100 mL 70％乙醇即成），色泽脱至适当后，移入70％碱性乙醇（以0.5 mL浓氨液加入100 mL 70％乙醇）以中和。

（4）去水：依次移入80％、90％、95％、100％乙醇中，各经10 min，再更换两次100％乙醇。

（5）透明：移至香杉油或二甲苯中透明标本至完全透明为止（注意：在二

甲苯中透明时间不能过长，否则组织会变脆）。

（6）封盖：放一滴中性树胶于载玻片上，用镊子小心将标本移入、排整适当，再加适量中性树胶，用镊子将盖玻片的一端接触中性树胶，成倾斜角度，随即将玻片放下。

（7）标签及干燥：加上标签之后，平放在 37 ℃干燥箱中，约 24 h，或平放在避免灰尘的地方 2～3 d，使其完全干燥。

5　作业

每人完成 2 个全形玻片标本。

实验十七　蚕体标本的制作

1　实验目的

家蚕幼虫标本一般有浸渍、吹胀、展皮三种，通过实验掌握蚕体标本的制作方法。

2　实验原理

蚕体标本作为解剖材料及生活史瓶装的材料，可以利用固定液固定后装入标本保存液中保存，也可以去除内脏，通过吹胀、展皮吸干，让标本可以保存较长一段时间，以便实验或展示使用。

3　实验材料、用具与试剂

（1）材料：各龄期家蚕。

（2）用具：解剖用具、玻璃棒、吹胀器、细线、酒精灯、石棉板、棉花、广口瓶、载玻片、滴管、白色硬纸、吸水纸等。

（3）试剂：水、卡尔纳固定液，浓度梯度为 75%、80%、95% 的乙醇，5% 白明胶水溶液，蛋白甘油等。

4　实验方法

4.1　浸渍标本的制作

浸渍标本可以作为解剖材料及生活史瓶装的材料。将幼虫饥饿处理，使消化管内的残桑排出。饥饿处理时间随龄期的增加而延长，大概小蚕 6~24 h，大蚕 24~48 h，如夏秋期高温可略缩短。蚁蚕、眠蚕、起蚕不需要饥饿处理。将处理后的蚕投入将沸的水中杀死（时间根据幼虫大小而不同，热烫 0.5~1 min），然后用吸水纸吸去表面水分，移入广口瓶内加固定液（卡尔纳固定液）浸过蚕体，经 12~20 h（由蚕体大小决定时间）固定后，更换 95% 乙醇，经 24 h 后，再现换一次 95% 乙醇，经 24 h 后更换 75% 乙醇保存。

如做生活史标本，取一块稍比蚕体大的载玻片，将已固定好的蚕放在载玻片上，用滴管从腹足至尾足滴黏着剂适量（黏着剂用5％白明胶水溶液，加热至50～70℃，加数滴福尔马林液或用蛋白甘油作黏着剂），黏着后经1～2 h，将蚕移到盛有80％乙醇的瓶内，然后加满乙醇，封盖时注意不留气泡。

4.2　吹胀标本的制作

桑蚕在幼虫期，体壁很软，水分很多，不像成虫期可进行干燥保存，干燥的幼虫标本，只能经过特殊的吹胀手续。将幼虫体吹胀烘干变硬，才能保持原有的形状。

幼虫在吹胀处理前，必须先将全部内脏取出，用一根玻璃棒，从头端慢慢移向尾部，使体内组织由肛门压出体外（已固定之幼虫不能做吹胀标本）。然后将吹胀器上之细玻璃管插入幼虫尾部，并用细线扎紧，慢慢挤压吸气球，进行吹胀处理。此时体内充满空气，渐渐膨胀。吹胀时要注意幼虫形态，当达到正常体态时，即加以烘干。

一般以电炉或酒精灯上放石棉板，作烘虫工具，温度以90～110℃为佳（过低不易烘干，过高又会将虫体烤焦）。烘干后，将吹胀器拔掉，即完成吹胀标本。

4.3　展皮标本的制作

将幼虫自腹面正中线剖开，取出内部组织，用水洗去附着之组织碎片，平摊于白色硬纸上，在胸腹部垫入少量棉花，使其有些隆起，用解剖针分别将腹足和胸足排平，使左右对称，整理好后用吸水纸将水吸去，平夹于吸水纸或白纸中，注意要经常更换干纸，完全干燥后即为展皮标本。

5　作业

每人完成浸渍、吹胀、展皮标本各1份。

实验十八　蚕体组织石蜡切片标本制作

1　实验目的

石蜡切片不仅用于观察正常细胞组织的形态结构，也是病理学和法医学等学科用以研究、观察及判断细胞组织的形态变化的主要方法，而且也已相当广泛地用于其他许多学科领域的研究中。通过实验，掌握一般组织石蜡切片制作过程，以满足在今后工作中研究生物的正常生理和病理组织构造时的需要。

2　实验原理

组织经固定液处理后，使组织细胞结构的形态得到保持，通过脱水、透明、浸蜡、包埋制作成蜡块，切成薄片，再经过脱蜡、染色、脱水、透明、封片等步骤制作成玻片标本，便于利用显微镜观察组织结构。

3　实验材料、用具与试剂

（1）材料：3 龄蚕。

（2）用具：解剖用具、包埋机、脱水篮、酒精灯、载玻片、盖玻片、刀片、吸水纸、切片机、包埋架、烘箱、水浴锅等。

（3）试剂：卡尔纳氏固定液，蒸馏水，浓度梯度为 30%、50%、75%、80%、95%、100% 的乙醇，二甲苯，52 ℃石蜡，62 ℃石蜡，伊红染液，苏木精，蛋白甘油，中性树胶等。

卡尔纳氏固定液组成配制：无水乙酸 1 份，三氯甲烷（氯仿）3 份，无水乙醇 6 份。

迈尔氏蛋白黏着剂制法：卵蛋白 1 份，甘油 1 份。卵蛋白与甘油混合后充分摇匀，滤过之后加麝香草酚 1 g 即可。

苏木精染液配制法：

铵矾饱和水溶液	100 mL
无水乙醇	10 mL
苏木精	1 g
甘油	25 mL

甲醇　　　　　　　　　25 mL

伊红染液配制法：伊红 1 g 溶于 100 mL 95％乙醇中。

4　实验方法

4.1　杀死与固定

切片材料要求其内部组织保持原形不变，一般用将近沸的水将蚕迅速杀死，用卡尔纳氏固定液固定，固定时间 16～24 h（看蚕体大小而定），更换 95％乙醇 2～3 次后，用 75％～80％乙醇保存，以后可随时取用，作切片标本的材料（本实验以 3 龄蚕为材料）。

4.2　组织脱水与透明

4.2.1　组织脱水

将材料剪成 10 mL 长的小段，依次经过 80％、90％、95％乙醇，各约 15 min，移至乙醇伊红溶液染色 1 min（利于在蜡块中辨认组织），再经 95％乙醇洗涤。经过无水乙醇 3 次，各 15 min。检查材料是否还含有水，用镊子取一材料放入二甲苯中，如立即出现混浊白色，就是组织还含有水分，还要再多经两次无水乙醇脱水，直至不含水为止。

4.2.2　组织透明

将组织移入二甲苯中约经 15 min 两次，至透明为止。

4.3　组织透蜡与包埋

4.3.1　组织透蜡

将材料从二甲苯溶剂中取出，放入 54 ℃蜡缸中 30 min（在包埋机中操作），再转入 64 ℃蜡缸中 30 min。

4.3.2　组织包埋

将熔化的石蜡倒入包埋架中（在包埋机中操作），将材料放入熔蜡的适当位置，用解剖针摆正材料的位置，当熔蜡开始出现凝固，移至冷水盆中。

4.4　修整蜡块

蜡块完全凝固后，将蜡块取出，用刀片切成长方形齐整的小块，前端离材料约 0.5 cm，后端稍长，然后用熔蜡将小蜡块固定在蜡台上。

4.5　切片

在切片机的夹刀器上安装好刀片，再将蜡块装置在切片机上，摇转切片机，即将蜡块切成连续的薄片。切片厚度可设为 5～8 μm。

4.6　展片、黏片及烘片

滴一小滴黏着剂（蛋白甘油）于洁净的载玻片上，用洁净的手指将黏着剂涂抹均匀。把已经切成短条的蜡片移到水浴锅水面上（40 ℃），使其充分展开，然后用涂抹了玻片黏着剂的载玻片捞起，倾去载玻片上的水，用解剖针将蜡片排列齐整，然后将载玻片放在 37 ℃培养箱中，约经 24 h，使载玻片的水分完全蒸发。待载玻片干燥后，将其放到 62 ℃干燥箱内烘 1～2 min，使其牢固。

4.7　切片去蜡

将载玻片移入二甲苯（30 ℃）经 10～15 min，至切片上的蜡完全熔化为止，再经一次二甲苯洗涤，约 5 min。

4.8　切片入水

将载玻片依次移入：100％乙醇 10 min，95％、90％、80％、70％、50％、30％乙醇和蒸馏水，各停留约 3 min。

4.9　切片染色

将载玻片移入苏木精染色液中，经 6 min 至若干小时不等，使其稍偏深色。

将 10 mL 无水乙醇加入 100 mL 铵矾饱和水溶液中，将此混合液放在空气下，使其经过两个星期或一个月，苏木精起氧化作用后经过滤，再加甘油及甲醇即成。

4.10　切片脱色、蓝化及去水

将载玻片移入水中洗去多余染色液，再移入 30％酸性乙醇中，脱去多余色泽，至适度为止，再移入 30％的碱性乙醇或自来水中经 1 h 以上蓝化，然后再依次移入 30％、50％、70％、80％、90％和 95％乙醇各 5 min。

4.11　切片重染色

将载玻片移入 1％伊红的 95％乙醇溶液中，约 30 s，取出即移入 95％乙醇中 30 s，再移入无水乙醇中两次各经 5～10 min。

4.12　切片透明

将载玻片移入二甲苯中约经 10 min，至透明为止。

4.13　切片封盖

将载玻片取出，滴适量中性树胶，用镊子夹住盖玻片一边中间成倾斜角度，另一头用解剖针顶着，将盖玻片慢慢放下。

4.14　标签及干燥

贴上标签，平放在避免尘埃的地方 2～3 天后干燥。

5　作业与思考

（1）每人完成蚕体横切组织切片标本 1 份。
（2）完成 1 份石蜡组织切片的实验方案。

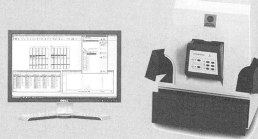

第二部分

昆虫生物化学实验

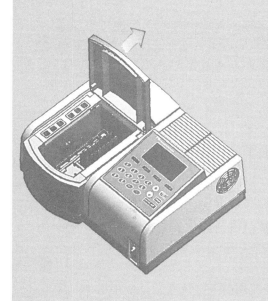

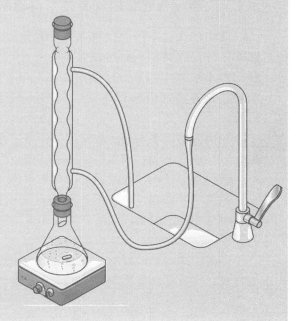

实验十九　常用仪器设备的使用和常用缓冲液配制

1　实验目的

（1）了解实验室常用仪器及其使用方法，常用缓冲液配制。

（2）加强实验室使用安全意识。

2　实验原理

常规生物化学实验需要使用许多仪器设备，每种设备的工作原理有所不同，其运行参数是实验过程必须具备的基本知识。实验过程使用的缓冲液，在不同 pH 范围内对反应体系的酸碱度均有缓冲、调节作用，使生化反应得以进行。

3　实验方法

3.1　仪器设备的普遍保养技术与玻璃器皿的洗涤

许多现代化的仪器设备大部分是带有电子线路的产品，因此保养使用的基本条件是保持周围环境的整洁，在空气污染较严重的地区宜关闭门窗以保证仪器不被灰尘污染。使用前，用毛巾、擦拭纸清除表面灰尘，使用后及时清理。仪器不宜摆放在靠近酸碱溶液的环境，部分贵重设备需要空调维持恒温。

新购置的仪器和第一次使用的仪器，在使用前务必认真阅读使用指南、使用手册、说明书等，按照指示的步骤进行操作。

新购置的玻璃器皿，通常以自来水冲洗后，用毛刷和适量的洗洁精或其他去污剂清洗器皿内、外表面，再用自来水冲洗，其标准是不带水珠、不挂水滴，而是均匀的分布。之后，用纯净水、双蒸水等冲洗 2～3 遍。放入干燥箱内干燥。

多次使用的玻璃器材，宜用重铬酸钾洗液（表 19-1）或 1％～2％盐酸浸泡过夜，再重复新置玻璃器皿的洗涤步骤。

部分玻璃仪器使用后含有水不溶性物质，如凡士林、油污、有机化合物等，必须用有机溶剂浸泡，常用的有机溶剂包括汽油、乙醇、乙醚、氯仿等，再用自来水冲洗。对于瓶壁挂有粘连物质的器皿，在干燥后必须经过重铬酸钾洗液浸泡处理至少一天，再用自来水冲洗。

普通玻璃器皿可放在一般高温干燥烘箱内烘干，但带有刻度的量筒、容量瓶、滴定管以及比色杯等不能烘烤，应放置在阴凉干燥的台面自然干燥。

表 19-1　重铬酸钾洗液配方

组成成分	强酸洗液	次强酸洗液	弱酸洗液
重铬酸钾（g）	63	120	100
浓硫酸（mL）	1 000	200	100
蒸馏水（纯净水）（mL）	200	1 000	1 000

注：浓硫酸具有极强的腐蚀性，注意安全操作。

3.2　生物化学常用缓冲液

有些化学物质如弱酸、弱碱单独配成溶液，或分别与相应的强碱、强酸配成溶液时，继续加入少量的酸或碱，溶液的酸碱度改变很少，甚至在一定范围内不改变，这种溶液常被称为缓冲液。这些化学物质则被称为缓冲剂。

如乙酸与乙酸钠组成的缓冲溶液：

$$CH_3COOH \rightleftharpoons H^+ + CH_3COO^- \quad （弱酸）$$
$$CH_3COONa \rightleftharpoons Na^+ + CH_3COO^- \quad （弱碱）$$

那么，弱酸中加入强碱 NaOH：

$$CH_3COOH + NaOH \rightleftharpoons CH_3COONa + H_2O$$

弱碱中加入强酸 HCl：

$$CH_3COONa + HCl \rightleftharpoons CH_3COOH + NaCl$$

磷酸缓冲液的缓冲作用：

$$NaH_2PO_4 + Na_2HPO_4 + HCl \rightleftharpoons 2NaH_2PO_4 + NaCl$$
$$NaH_2PO_4 + Na_2HPO_4 + NaOH \rightleftharpoons 2Na_2HPO_4 + H_2O$$

通过上述方程式可以看出，在缓冲液中加入强酸、强碱时，溶液的 H^+ 或 OH^- 解离极少，其反应产物是中性盐或水分子，对溶液酸碱度没有太大的影响，从而在一定范围内可以起到缓冲作用。

（1）TE 缓冲液：

① 1 mol/L Tris-HCl（pH 8.0）50 mL 的配制：称取 Tris 碱 6.06 g，加超纯水 40 mL 溶解，滴加浓 HCl 约 2.1 mL 调 pH 至 8.0，定容至 50 mL。

② 0.5 mol/L EDTA（pH 8.0）50 mL 的配制：称取 EDTA - 2Na·2H$_2$O 9.306 g，加超纯水 35 mL，剧烈搅拌，用约 1 g NaOH 颗粒调 pH 至 8.0，定容至 50 mL（EDTA 二钠盐需加入 NaOH 将 pH 调至接近 8.0 时，才会溶解）。

③ 1×TE（10 mmol/L Tris - HCl，pH 8.0；1 mmol/L EDTA，pH 8.0）的配制（表 19 - 2）：

表 19 - 2　TE 缓冲液（pH 8.0）配制

溶液	用量
1 mol/L Tris - HCl（pH 8.0）	1 mL
0.5 mol/L EDTA（pH 8.0）	0.2 mL
加超纯水至	100 mL

（2）昆虫生理盐水：0.8%（w/V）NaCl 水溶液。

（3）0.2 mol/L 磷酸钠缓冲溶液（pH 5.9～8.0，表 19 - 3）。

表 19 - 3　0.2 mol/L 100 mL 磷酸钠缓冲溶液（PBS）（mL）（pH 5.9～8.0）

pH	0.2 mol/L Na$_2$HPO$_4$	0.2 mol/L NaH$_2$PO$_4$	pH	0.2 mol/L Na$_2$HPO$_4$	0.2 mol/L NaH$_2$PO$_4$
5.9	10.0	90.0	7.0	61.0	39.0
6.0	12.3	87.7	7.1	67.0	33.0
6.1	15.0	85.0	7.2	72.0	28.0
6.2	18.5	81.5	7.3	77.0	23.0
6.3	22.5	77.5	7.4	81.0	19.0
6.4	26.5	73.5	7.5	84.0	16.0
6.5	31.5	68.5	7.6	87.0	13.0
6.6	37.5	62.5	7.7	89.5	10.5
6.7	43.5	56.5	7.8	91.5	8.5
6.8	49.0	51.0	7.9	93.0	7.0
6.9	55.0	45.0	8.0	94.7	5.3

注：0.2 mol/L 磷酸氢二钠溶液配制：准确称取 Na$_2$HPO$_4$·2H$_2$O（相对分子质量 178.05）或 Na$_2$HPO$_4$·12H$_2$O（相对分子质量 358.22）3.561 g 或 7.164 g 以少量蒸馏水溶解，定容至 100 mL；0.2 mol/L 磷酸二氢钠溶液配制：准确称取 NaH$_2$PO$_4$·H$_2$O（相对分子质量 138.01）或 NaH$_2$PO$_4$·2H$_2$O（相对分子质量 156.03）2.760 g 或 3.121 g 以少量蒸馏水溶解，定容至 100 mL。

（4）1/15 mol/L 磷酸盐缓冲溶液（pH 4.9～9.1，表 19-4）。

表 19-4　1/15 mol/L 10 mL 磷酸盐缓冲溶液（PBS）（mL）（pH 4.9～9.1）

pH	1/15 mol/L Na$_2$HPO$_4$	1/15 mol/L KH$_2$PO$_4$	pH	1/15 mol/L Na$_2$HPO$_4$	1/15 mol/L KH$_2$PO$_4$
4.92	0.10	9.90	7.17	7.00	3.00
5.29	0.50	9.50	7.38	8.00	2.00
5.91	1.00	9.00	7.73	9.00	1.00
6.24	2.00	8.00	8.04	9.50	0.50
6.47	3.00	7.00	8.34	9.75	0.25
6.64	4.00	6.00	8.67	9.90	0.10
6.81	5.00	5.00	9.18	10.00	0.00
6.98	6.00	4.00			

注：① 1/15 mol/L 磷酸氢二钠溶液配制：准确称取 Na$_2$HPO$_4$·2H$_2$O（相对分子质量 178.05）1.187 6 g 溶于一定量蒸馏水，定容至 100 mL 作为母液。

② 1/15 mol/L 磷酸二氢钾溶液配制：准确称取 KH$_2$PO$_4$（相对分子质量 136.09）0.907 8 g，溶于一定量蒸馏水，定容至 100 mL 作为母液。

3.3　动物生物化学常用仪器使用

3.3.1　高速冷冻离心机（图 19-1）

主要技术参数：

固定角转	20 913 g
水平转子	4 500 g
工作板转子	3 486 g
最高转速	14 000～20 000 r/min
最大容量	4×750 mL

图 19-1　高速冷冻离心机

转子数	18
加速/减速挡	10/10
程序	35 个用户程序

使用方法：

（1）打开开关接通电源，设定温度、时间、转速等参数，预冷；同时检查并选择与离心管配套的转子，安装牢固。

（2）预先用机械天平平衡离心管及样品重量，将同等重量的离心管对称放置在离心机内，拧紧转头盖，盖好离心机盖。

（3）按"Start"键启动。

（4）离心到达预设时间，离心机自动降低速度至 0，发出蜂鸣声表示可以开盖取出离心管。

（5）检查是否有样品液溢漏，内槽有任何液体需及时擦拭干净，避免腐蚀机件。

（6）离心机最后使用完毕，关闭电源。此时需敞开离心机使之温度与室内温度一致，挥发冷凝水等，确保机内干燥时，再盖紧离心机盖。

注意事项： 在启动离心机后，若听到异响，可能是未配平，应及时按下"Stop"键，重新称量后再离心，配平重量相差应在 0.01 g 之内。

3.3.2 紫外-可见光分光光度计

目前公共实验平台有各种型号的分光光度计，有 T6 新世纪型、722N 型、755B 型等，基本使用原理相同（图 19-2）。

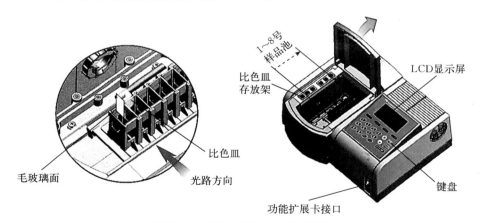

图 19-2 紫外-可见光分光光度计

光电池将光信号转变成电信号，经前置放大器的放大，信号源进入模数转换器（A/D），A/D 将模拟信号转换成数字信号送往单片机进行数据处理。由于波长在 330～900 nm，基准信号不一，单片机将根据不同的基准信号向 A/D

发送指令，从而改变前置放大器的放大倍数，一直到基准信号达到单片机中的程序要求为止。操作者通过键盘设定好波长、样品池数量等相关参数，测定时单片机根据程序处理得到的结果通过屏幕显示。

使用方法：

（1）打开电源开关，仪器自动初始化，约 3 min 后初始化完毕。预热 20～30 min。

（2）在主菜单界面，选择"光度测量"，按回车键完成选择，进入光度测量界面。

（3）在光度测量界面，按"START/STOP"键进入测量界面。

（4）在测量界面，按"GOTO"键，输入测定所需波长，仪器将自动调整至设定的波长，按回车键完成选择。

（5）设置其他参数：主要设置样品池数量，按"SET"键进入参数设置界面，按↓键使光标移动到"试样测定"，按回车键确认选择，进入设定界面。按↓键使光标移动到"样池数"，按回车键循环选择需要使用的样品池个数。

（6）样品测定：按"RETURN"回到参数设定界面，再按"RETURN"回到光度测定界面。在 1 号样品池（最靠近面板前端的样品池）放入空白溶液用于调零，2 号至 8 号放入待测样品。关闭好样品池盖，按"ZERO"键调零校正，再按"START/STOP"键进行测量。屏幕显示的数据即是待测样品的测定结果。记录数据或直接打印测定结果。

（7）每次重新设定波长或更换空白对照，都需要按"ZERO"键重新调零；每次测定的样品数或比色皿的数量相同，跳过第 5 步直接进入样品测定。

（8）结束测量：确保样品池内的比色皿都已经拿出清洗干净，按"RETURN"键返回到仪器主菜单界面，关闭仪器。如有干燥剂，可放入样品池内吸湿，保持干燥。

3.3.3　纯水器

实验室纯水器（图 19 - 3）可用于火焰原子吸收、细胞培养、电子照相、分光偏振、水质分析、免疫细胞化学、电生理、电化学、常规 HPLC、试剂配制/溶剂制备等实验中。

机器参数：

产水量：15～75 L/H（单级反渗透）。

产水水质：低端水质。

无机物去除率（含各种离子）96%～98%，有机物（相对分子质量>100）和细菌/微粒（>0.22 μm）

图 19 - 3　纯水器

去除率＞99％。

高端水质 10～15 MΩ·cm。

进水标准：市政自来水（温度 5～40 ℃，压力≥1 kg/cm²）。

其他：最大取水流量 1.8 L/min。

3.3.4　DHG－9425A 型电热恒温干燥箱

上海一恒科学仪器有限公司（图 19‐4）。

参数： RT＋10～300 ℃，0.1 ℃，不锈钢
内胆。

产品用途： 采用先进的激光、数控加工设备
生产的产品，供工矿企业、化验室、科研单位等
作干燥、烘焙熔蜡、灭菌用。

产品特点：

（1）箱体内均采用镜面不锈钢氩弧焊制作而
成，箱体外采用优质钢板，造型美观、新颖。

（2）采用具有超温偏差保护、数字显示的微
电脑 P.I.D 温度控制器，带有定时功能，控温
精确可靠。

图 19‐4　电热恒温干燥箱

（3）热风循环系统由能在高温下连续运转的
风机和合适的风道组成，均匀提高工作室内温度。

（4）采用新型的合成硅密封条，能长期高温运行，使用寿命长，便于
更换。

（5）可以从控温面板上调节箱内进风和排气
量大小。

（6）独立限温报警系统，超过限制温度即自
动中断，保证实验安全运行不发生意外。

（7）可配打印机或 RS485 接口，用于连接
打印机或计算机，能记录温度参数的变化状况。

3.3.5　电子分析天平

电子天平的四个主要特性分别为正确性、稳
定性、灵敏性、示值不变性。

电子分析天平（图 19‐5）的正确性，即电
子天平的示值正确性，它表示天平示值接近真值
的能力；从误差角度来看，天平的正确性，就是
反映天平示值的系统误差大小的程度。

图 19‐5　电子分析天平

电子分析天平的稳定性，就是指电子分析天平在其受到扰动后，能够自动

恢复到它初始平衡位置的能力。对于电子天平来说，其平衡位置总是通过模拟指示或数字指示的示值来表现的，所以，一旦对电子天平施加某一瞬时的干扰，虽然示值发生了变化，但是当干扰消除后，电子天平又能恢复到原来的示值，则我们称该电子天平是稳定的。一台电子天平，其稳定性是可否持续使用的首要判定条件，不具备稳定性的电子天平是不可以使用的。

电子分析天平的灵敏性，就是电子分析天平能觉察出放在天平衡量盘上的物体质量改变量的能力。电子分析天平的灵敏性，可以通过角灵敏度，或线灵敏度，或分度灵敏度，或数字（分度）灵敏度来表示。对于普通电子天平，主要是通过分度灵敏度，或数字灵敏度来表示的。天平能觉察出来的质量改变量越小，则说明天平越灵敏，可见对于天平来说，其灵敏度依然是判定天平优劣的重要性能之一。

电子分析天平的示值不变性，是指在相同条件下，多次测定同一物体，所得测定结果的一致程度。比如对电子分析天平重复性、再现性的控制，对电子分析天平零位及回零误差的控制，对电子分析天平空载或加载时，电子分析天平在规定时间的示值漂移的控制。

对于杠杆式天平，天平的正确性主要表现在天平臂比的正确性。但是，无论是机械天平还是电子天平，其正确性还表现在天平的模拟标尺或数字标尺的示值正确性，以及由于在天平衡量盘上各点放置载荷时的示值正确性。

3.3.6　电磁炉

市售电磁炉都有智能触碰式开关（图 19 - 6）。按输出功率分为1～9档，功率 600～1 000 W。

使用方法：接通电源，轻碰开关，电热启动，初始值一般为9，在配制试剂过程中，要调节旋钮或铵键，使输出功率调小，避免溶液过快沸腾。

图 19 - 6　电磁炉

3.3.7　Tanon 1600 全自动数码电泳凝胶成像分析系统

上海天能公司生产的 Tanon 1600 全自动数码电泳凝胶成像分析系统（图 19 - 7）采用高科技手段的系统硬件配置，全自动电脑控制，高度程序化，保证摄录 DNA/RNA 电泳凝胶、蛋白电泳胶、斑点杂交等图像在低照度下的灵敏度、不掉失条带。最大程度地控制 EB 污染，有效保障实验操作人员的健康。有助于研究人员安全、正确、迅速地得到电泳照片和分析结果。

技术规格：

（1）摄像头：Tanon 1000 高分辨率低照度数码摄像头。

（2）感光芯片：Sony 芯片。

（3）冷却方式：无。

（4）冷却温度：无。

（5）感光效率：芯片光电转换效率 High QE：65%。

（6）暗电流：1e -/pixel/sec. @ 25 ℃。

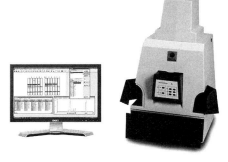

图 19-7　电泳凝胶成像分析系统

（7）读出噪声：6.1e - RMS at 12 MHz。

（8）信噪比：≥56 db。

（9）曝光时间：1 ms～16 s。

（10）有效像素：1 280×1 040。

（11）像素密度：16 bit（0～65 535 色）。

（12）像素合并：1×1。

（13）分辨率：133 万像素。

（14）动态范围：>3.0 个数量级。

（15）电动镜头：高通透电动镜头，Computar F＝1：1.2，8～48 mm。

（16）升降平台：无。

（17）照明模式：透射紫外，透射白光，反射白光（可选配透射蓝光）。

（18）激发光源：透射 302 nm，白光（可选配透射蓝光）。

（19）双侧反射：LED 反射白光灯（冷光）（R 型：254 nm，365 nm 紫外反射）。

（20）滤光片位置：可选配 5 位电脑控制自动定位滤光片轮（选配）。

（21）滤光片：标配 590 nm，可选配 535 nm、605 nm、699 nm 波长。

（22）拍摄面积：紫外 20 cm×20 cm；白光 20 cm×20 cm；蓝光 20 cm×20 cm。

（23）定时功能：用户可自行设定定时自动关闭紫外光源的时间（1～60 min）。

软件特点：

（1）全中文操作界面，自动识别 8bit、10bit、12bit、14bit、16bit 的图像，可兼容分析高端图像设备的实验结果，实现与高端设备的兼容。

（2）自动识别彩色与黑白的图像。

（3）用户可根据需要自建常用分子量 Marker 数据库，方便分析操作。

（4）具有分子量标准曲线的显示并可根据需求调整标准曲线绘制的取值。

（5）Tanon 加注软件，无需借助其他软件皆可进行加注文字、箭头、矩形框等，并可对已加注的历史图像反复修改。

（6）人性化操作界面。

（7）用户可根据需要选择当前显示图像或数据的输出。

（8）分析可自动实现，各功能均可根据情况进行人工修正。

（9）鼠标右键点击菜单功能，方便操作。

图 19 - 8　高压灭菌器

3.3.8　Hirayama HVE - 50 高压灭菌器

Hirayama HVE - 50 高压灭菌器（图 19 - 8）的主要特点如下：

（1）电动锁系统：仅用触摸控制器就可以轻易和安全地开启箱盖。

（2）安全双向检测（显示）联锁装置：通过检测内压力和箱内温度，该安全系统才能锁住箱盖；该系统确保使用时，具有更大的安全性。

（3）双向传感系统监控空气排除状态：为了避免残留空气影响到灭菌结果，本仪器采用双向传感器检测灭菌器内是否有残留空气。

（4）自动排气装置：采用最新的自动排除蒸汽的装置以达到不用沸腾就能对液体基质进行灭菌；在灭菌完成后，可以预先设定速率逐渐地释放蒸汽。

（5）琼脂处理方法：允许使用者更大幅度地加快融化琼脂或对箱内进行预热。

（6）自动编排启动程序：内置定时器可设定一段时间程序，以使高压灭菌锅自动启动一个灭菌周期（最长可维持一个星期）记忆（储存）支持系统：可以改变各种参数（如灭菌、排气、加热等参数），且一旦发生改变（甚至发生停电故障）上述参数仍能被保留下来。

（7）节省空间的设计：采用垂直向上打开箱盖，节省空间（相对铰链式水平打开箱盖的型号而言）。

（8）多种任选附件：提供多种相关附件供选购（如 SUS 灭菌吊筐、药物废物处理筐）。

（9）过程状况显示：通过一组闪光灯指示出当前灭菌过程的多种情况。

3.3.9　制冰机

制冰机（图 19 - 9）是一种将水通过蒸发器由制冷系统制冷剂冷却后生成冰的制冷机械设备，采用制冷系统，以水为载体，在通电状态下通过某一设备后制造出冰。根据蒸发器的原理和生产方式的不同，生成的冰块形状也不同；人们一般以冰形状将制冰机分为颗粒冰机、片冰机、板冰机、管冰机、壳冰机等。

图 19-9　制冰机

制冰操作过程：

（1）开机前必须检查自动供水装置是否正常，水箱存水量是否合理。

（2）插上电源，制冰机开始工作，首先水泵开始运行（水泵有一个短时间的排空气过程）约 2 min 后压缩机开始启动，机器进入制冰状态。

（3）当冰块厚度达到设定的厚度时，冰板探针开始启动，除霜电磁阀开始工作，水泵停止工作，热气进入蒸发器，约 1 min 左右冰块下落。在冰块下落时，使落冰挡板翻转并打开磁簧开关。当磁簧开关重新闭合时，机器进入再一次制冰过程。

（4）压缩机在整个制冰和脱冰过程中都不停机。

（5）当储冰桶内冰满，磁簧开关不能自动闭合时，机器自动停止工作，当取走足够的冰块，磁簧开关重新闭合后，延时 3 min 后机器启动，重新进入制冰过程。

4　实验记录及实验报告

4.1　实验前准备

实验课前要熟悉实验的所有内容，普通试剂在实验前自行配制。

4.2　实验记录

从实验课开始就要培养严谨的科学作风，养成良好的实验习惯。实验观察到的现象应仔细地记录下来，每个结果和数据都应及时如实地直接记在记录本上，并做到原始记录准确、简练、详尽、清楚。

每一个结果至少要重复观测两次以上，任何实验都要设定空白对照。实验中使用仪器的类型、编号以及试剂的规格、化学式、分子量、准确的浓度等，都应记录清楚，以便总结实验完成报告时进行核对和作为查找成败原因的参考依据。

4.3　撰写实验报告

实验结束后的一周内，应及时整理和总结实验结果，写出实验报告。实验报告的格式：实验序号；实验名称；目的和要求；基本原理与内容；主要仪器及试剂配制；操作方法与实验步骤；结果与讨论。

5　思考题

（1）缓冲液能缓冲酸碱度的基本原理是什么？

（2）正确使用冷冻离心机的关键是哪一步？

（3）紫外-可见光分光光度计的工作原理是什么？如何正确测定样品的吸光度？

参考文献

各仪器设备生产厂家提供的使用说明书。

实验二十　昆虫血淋巴中糖原含量的测定

1　实验目的

（1）掌握家蚕等昆虫糖类代谢的基本过程。

（2）学习糖原的定性测定方法。

2　实验原理

糖原是葡萄糖多分子缩合物，相对分子质量约 400 万，遇碘呈棕红色；在酸性溶液中加热可水解成葡萄糖，后者可用班氏试剂检测。其结构单位 D-葡萄糖之间以 α-1,4 糖苷键结合，链和链之间的连接点以 α-1,6 糖苷键结合。在糖原中每隔 8～10 个葡萄糖单位就出现 α-1,6 糖苷键。糖原的分子比淀粉更大，分支更多，结构更复杂，相对分子质量可高达 $1×10^8$。糖原中葡萄糖连接形式有 2 种，一种以 1,4 糖苷键相连，另一种以 1,6 糖苷键相连（图 20-1）。糖原分解为葡萄糖需 4 种酶参与，包括糖原磷酸化酶、糖原脱支酶、磷酸葡糖变位酶及葡萄糖-6-磷酸酶。糖原在组织中无氧分解成乳酸的过程，称糖原无氧酵解（图 20-2），经过己糖磷酸酯、丙糖磷酸酯及丙酮酸等一系列中间产物，最终成为乳酸并产生能量 ATP 等。

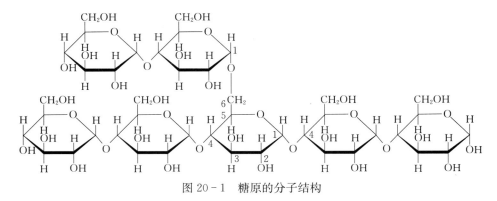

图 20-1　糖原的分子结构

糖原酵解是在组织中进行的，为此必须与空气隔离，可在反应体系液面加石蜡油隔绝空气。糖原酵解生成乳酸，乳酸与硫酸共热生成链状酯类、环状交酯等酯类物质，如丙烯醛、环酯（图20-3），酯类物质再与白藜芦醇（化学名：3,4′,5-三羟基二苯乙烯，分子式 $C_{14}H_{12}O_3$，相对分子量228.25，难溶于水，易溶于乙醚、氯仿、甲醇、乙醇、丙酮、乙酸、乙酯等有机溶剂，图20-4）反应产生红色物质。

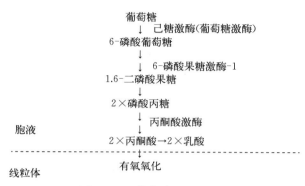

图20-2 葡萄糖的酵解途径

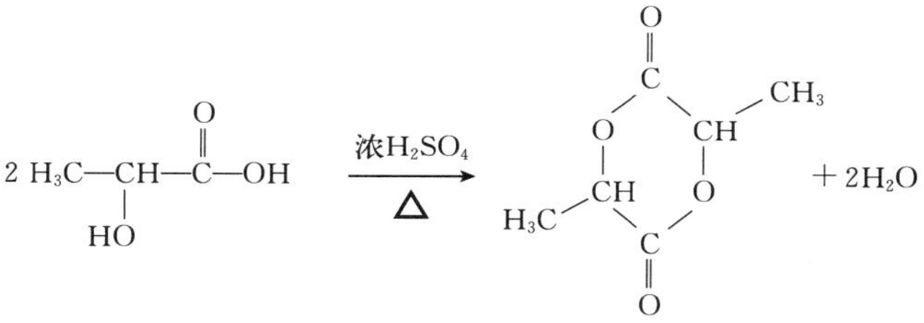

图20-3 乳酸与浓硫酸共热产生酯化反应生产1,6-二环酯

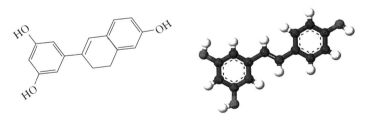

图20-4 白藜芦醇（resveratrol）分子结构和分子模式图

3 实验材料、仪器用具与试剂

（1）材料：解剖5龄期大蚕，去除杂质取背部肌肉部分；其他昆虫可选择肌肉发达的组织，如蝗虫的腿肌、蜻蜓胸肌等。

（2）仪器用具：恒温水浴箱、低温高速离心机、制冰机用具、试管、离心管、纱布、冰等。

（3）试剂：0.5％糖原水溶液（临时配用）、15％偏磷酸液、石蜡油、饱和硫酸铜水溶液、氢氧化钙（每份约 0.35 g）、98％浓硫酸、白藜芦醇 1 mg/mL（临配临用）、0.2 mol/L pH 8.0 磷酸盐缓冲液。

4　实验方法

（1）家蚕肌肉样品制备：解剖 5 龄期大蚕，去除头部、内部器官、脂肪，体壁连同肌肉部分放在冰浴上冷却，迅速用剪刀剪碎，加入约 2 倍体积 0.2 mol/L 磷酸缓冲液（PBS）在匀浆器内捣成糊状。浸提 20～30 min，用双层纱布过滤除去肌肉残渣，将滤出液在离心机离心（3 000 r/min），取上清液置于 4 ℃冰箱保存备用。

（2）取试管 2 支，各加入 0.2 mol/L pH 8.0 磷酸盐缓冲液 3 mL。

（3）第 1 号试管加蒸馏水 1 mL，作为对照管。第 2 号试管加入 0.5％糖原 1 mL，作为测定管。

（4）两试管各加入新制提取液 5 mL，摇匀。第 1 号试管加 15％偏磷酸 2 mL，用以沉淀蛋白质及抑制酶活性。用 1 mL 石蜡油封住试管内反应液面。

（5）两管同时置入 37 ℃恒温水浴箱，保温约 1 h。

（6）两管取出后，第 2 管加 15％偏磷酸 2 mL，边加边搅动，使蛋白质沉淀。

（7）量取各管的反应液约 5 mL，置入 2 支离心管（10 mL），各加入氢氧化钙 0.35 g 及硫酸铜 1 mL，摇匀后约放置 5 min，待糖原沉淀。

（8）离心 3 000 rpm，10 min，取上清液 1 mL 于两支试管中，小心滴入 98％浓硫酸 0.2 mL。

（9）两管移入沸水浴中加热 5 min，取出，冰水中冷却，各加入白藜芦醇 5 滴，充分摇匀，观察结果。

5　实验结果

在第 2 号试管中应出现紫红色，或浸入热水中加速反应。第 1 号试管中也可能看到微红色，主要原因是肌肉中残留少量乳酸。

6　思考题

（1）写出糖原的结构式。写出糖原酵解成乳酸过程的主要酶促反应。

（2）糖原、淀粉酵解过程中，如何让无机磷变成磷酸酯？

（3）白藜芦醇与酯类物质作用为什么会出现紫红色？

参考文献

Tennessen J M，Barry W E，Cox J，et al. Methods for studying metabolism in *Drosophila*
　　［J］. Methods，2014，68（1）：105－115.

实验二十一　昆虫血淋巴中尿酸含量的测定

1　实验目的

掌握家蚕的蛋白质代谢途径及其最终代谢产物。

学习和掌握家蚕血液中尿酸含量的测定方法。

2　实验原理

尿酸是家蚕等昆虫利用蛋白质氮和核酸氮代谢的产物，一次性从虫体内清除 4 个氮原子，占尿酸分子的 33%。在碱性情况下尿酸能被磷钨酸氧化成尿囊素和二氧化碳；磷钨酸则被还原成钨蓝（图 21-1）。

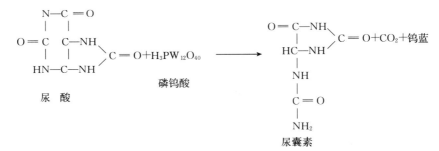

图 21-1　尿酸测定反应基本原理

3　实验材料、仪器用具与试剂

（1）材料：家蚕血淋巴。

（2）仪器用具：分光光度计、电炉、回流装置、圆底烧瓶、试管、比色皿等。

（3）试剂配制。

① 磷钨酸试剂配制：圆底烧瓶中，加入钨酸钠 30 g，水 300 mL 及磷酸 32 mL，再加入玻璃珠数粒，在电炉中加热并回流蒸馏（图 21-2）2 h，冷

却，加水至 1 000 mL 再加入硫酸锂 16 g。
此液可长期保存。

② 14% 无水碳酸钠。

③ 尿酸标准液贮存液（1 mg/mL）：
精确称取干燥过的尿酸 25 mg，置于小
烧杯中，加碳酸锂 15 mg 和蒸馏水约
15 mL，加热到 60 ℃，待碳酸锂全部溶
解后，置于 25 mL 容量瓶中加水至刻度。
置棕色瓶内保存备用。

④ 尿酸标准液（0.01 mg/mL）：取
1 mL 上述尿酸标准品（1 mg/mL）加水
定容至 100 mL。

⑤ 1/3 mol/L 硫酸：硫酸相对分子质量
98.078，密度 1.832 5 g/mL，配制 100 mL
1/3 mol/L 硫酸溶液需要浓硫酸 12 mL 浓硫酸。

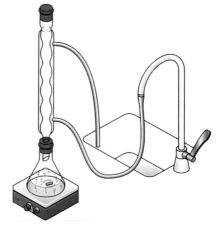

图 21 - 2　实验室回流蒸馏装置

4　实验方法与步骤

（1）用壮蚕血淋巴制备无蛋白滤液（水 6.5 mL、蚕血淋巴 2 mL，加
1/3 mol/L 硫酸、14% 碳酸钠液和钨酸钠液各 0.5 mL）。

（2）按表 21 - 1 加入试剂。

每个测定设定三次重复，反应完毕，立即以 600 nm 波长测定吸光值，以
空白管调零。

表 21 - 1　家蚕血淋巴中尿酸的测定（mL）

试剂	尿酸标准液			样品测定液			空白
	1	2	3	1	2	3	
尿酸标准液	3.0	3.0	3.0	0	0	0	0
家蚕血淋巴	0	0	0	3.0	3.0	3.0	0
蒸馏水	0	0	0	0	0	0	3.0
14% 碳酸钠	1.0	1.0	1.0	1.0	1.0	1.0	1.0
磷钨酸试剂	1.0	1.0	1.0	1.0	1.0	1.0	1.0

（3）将尿酸标准溶液梯度稀释，根据表 21 - 2 测定 A_{600} 吸光值。制作尿酸
标准曲线。根据反应尿酸浓度对 A_{600} 制作标准曲线，求出回归线性方程
$y = a + bx$，求出 R^2 值。

表 21-2　标准尿酸曲线制作

试剂	反应体系				
	1	2	3	4	5
尿酸标准溶液（mL）	3.0	1.5	0.75	0.325	0.1625
蒸馏水（mL）	0	1.5	2.25	2.675	2.8375
14％碳酸钠（mL）	1.0	1.0	1.0	1.0	1.0
磷钨酸试剂（mL）	1.0	1.0	1.0	1.0	1.0

5　实验结果处理

各个反应体系最后测得的数据相近，则取平均值。偏差较大的数据不宜采用，应弃去。

家蚕血淋巴尿酸含量（mg/mL）按照下列公式计算：

$$\omega\ (mg/mL) = A_s/A_0 \times 0.03 \times 100/0.3$$

式中，A_s：样品在 600 nm 波长测定得到的吸光值；

A_0：尿酸标准溶液在 600 nm 波长测定得到的吸光值。

其他为稀释倍数。

可将测得的 A_{600} 数据代入方程式计算。

6　思考题

（1）家蚕等昆虫蛋白质等氮元素代谢途径中，最后合成的尿酸有哪些化学物质的参与？

（2）在尿酸代谢途径中，脊椎动物与无脊椎动物有区别吗？举例说明。

参考文献

Fujii T，Banno Y. Identification of a novel function of the silkworm integument in nitrogen metabolism：Uric acid is synthesized within the epidermal cells in *B. mori*［J］. Insect Biochem Mol Biol.，2019，105：43-50.

Tojo S. Uric acid production in relation to protein metabolism in the silkworm，*Bombyx mori*，during pupal-adult development［J］. Insect Biochem，1971，1（3）：249-263.

实验二十二　昆虫基因组 DNA 的提取、纯化与定量测定

1　实验目的

（1）掌握蚕学研究对象家蚕和桑树的遗传物质核酸的抽提基本原理。

（2）学习和掌握真核生物 DNA 的纯化方法与琼脂糖凝胶电泳技术。

2　实验原理

昆虫学研究的主要对象除了昆虫本身，往往还涉及其食物、饲料的研究，如家蚕和桑树，二者跨越了生物分类学上的门类，但都是真核生物，具有遗传学的基本特征。核酸类物质的合成、分解也具有普遍的生物学意义。在真核生物组织被研磨后，其 DNA 通常需要经历核酸酶的降解、蛋白质的沉淀去除和核酸的沉淀。通过琼脂凝胶电泳，基因组 DNA 被荧光核酸凝胶染料（如 Invitrogen 提供多种高灵敏荧光核酸染料，包括 SYBR Safe 染料，SYBR Gold 染料，SYBR Green 染料。与传统 EB 凝胶染料相比更安全，具有更高的灵敏度，更低的背景荧光）染色，在紫外灯下可见明显的条带。可用紫外分光光度计在 $A_{260\,nm}$ 处定量测定样品的核酸纯度。

3　实验材料、仪器用具与试剂

（1）材料：家蚕、桑叶等材料。

（2）仪器用具：恒温摇床（水浴箱）、高压灭菌器、低温冷冻离心机、稳压仪、电泳槽、Tanon 1600 全自动数码凝胶成像分析系统、分光光度计、剪刀、研磨器、eppendroff 管、移液枪、枪头、枪头盒等。

（3）试剂配制。

① RNA 酶（RNase）：购自生物技术公司，作用浓度 50 μg/mL。

② 蛋白酶 K：购自生物技术公司，作用浓度 400～500 μg/mL。

③ 真核生物 DNA 抽提缓冲液配制：0.1 mol/L pH 8.0 Tris‐HCl、0.1 mol/L EDTA、0.25 mol/L NaCl，灭菌备用。

④ 盐酸胍溶液的配制：4 mol/L 盐酸胍、25 mmol/L 乙酸钠（pH 5.2）、0.2 mmol/L DTT（高压灭菌）、最后加入单独灭菌处理的 0.5%（w/V）十二烷基磺酸钠（SDS）。

⑤ 氯仿。

⑥ 苯酚：Tris 平衡酚。

⑦ 异戊醇。

⑧ 无水乙醇（−20 ℃ 预冷）。

⑨ TE 缓冲液：按表 19-1 配制。

⑩ 加样缓冲液：购自生物技术公司产品包装，一般为甲基绿或溴酚蓝溶液。

4 实验方法与步骤

（1）实验材料用 70%～72% 酒精进行表面消洗，晾干称重。用剪刀剪切材料至 1～2 cm² 的小块。

（2）在灭菌的预冷研钵内，每克材料加入 5 mL 灭菌抽提缓冲液（临用前加入蛋白酶 K）和 3 mL 灭菌盐酸胍溶液，立即加入少量液氮和无菌石英砂快速研磨，室温或 37 ℃ 作用 1 h 或过夜，效果更好。

（3）样品经低速离心（4 000 r/min）去除未消化裂解的沉淀和杂质。

（4）上清液转入另一离心管，用 1.0 mol/L Tris-HCl 平衡酚和氯仿：异戊醇（体积比为 24：1）反复抽提 2～3 次。

（5）用 10 000 r/min 离心，上清液转入新离心管。

（6）加入 5 倍体积冰预冷无水乙醇，−20 ℃ 沉淀核酸；用 10 000 r/min 离心，以少量 TE 缓冲液溶解 DNA 沉淀。

（7）制备 0.8%～1% 琼脂糖凝胶并混入少量 EB，在加样孔内加入上述 DNA 样品，接通电源电泳 1 h 左右，肉眼观察指示剂移动到凝胶另一端时，关闭稳压器电源停止电泳。

（8）将凝胶放置在 Tanon 1600 全自动数码凝胶成像分析系统的观察区域内，启动电脑软件，观察拍照。

5 实验结果处理

通过抽提，桑叶样品和家蚕样品的总 DNA 都呈现一条分子量很大的条带，如果条带拖带，说明抽提过程被污染。

抽提的 DNA 用琼脂糖电泳，拍照记录电泳结果；测试 A_{260}/A_{280} 值可计算出 DNA 的纯度。

6　思考题

（1）DNA 抽提过程中氯仿：异戊醇的作用是什么？

（2）如何确定是否成功抽提到家蚕或桑叶的 DNA？

（3）真核生物 DNA 抽提有何共同点？为什么样品 A_{260}/A_{280} 值可标示 DNA 的纯度？

参考文献

陈冬妹，林英，王艳霞，等．一种简便分离高质量家蚕基因组 DNA 的方法 [J]．蚕学通
　　讯，2007，27（2）：5‐9.

李文楚．一种有效抽提蚕、桑 DNA 的方法 [J]．华南农业大学学报（自然科学版），2002，
　　23（3）：92.

实验二十三　昆虫组织中转氨酶活性的测定

1　实验目的

（1）掌握家蚕丝腺或血淋巴谷丙转氨酶活性测定基本原理。

（2）学习和掌握家蚕丝腺或血淋巴谷丙转氨酶活性测定和操作基本技能。

（3）了解转氨酶的生理学意义。

2　实验原理

谷丙转氨酶（EC2.6.1.2，ALT）是家蚕丝心蛋白合成中的一种关键酶。丝心蛋白合成所需要的大量丙氨酸，主要依靠后部丝腺细胞中 ALT 的催化作用形成。因此，深入了解该酶的分子性质，对阐明丝心蛋白的合成机理及利用 ALT 活力调控增产蚕丝等方面，都具有重要意义。

转氨作用是在转氨酶的催化下，某一氨基酸的 α-氨基转移到另一种 α-酮酸的酮基上，生成相应的氨基酸，而原来的氨基酸则转变成 α-酮酸的过程（图 23-1、图 23-2）。体内大多数氨基酸可以参与转氨作用。体内存在的转氨酶中，谷丙转氨酶最为重要。转氨作用生成的丙酮酸与 2,4-二硝基苯肼反应，产生棕色的丙酮酸二硝基苯腙（图 23-3），从而可以利用分光光度计定性定量测定。

以每分钟生成 1 μmol 丙酮酸的酶量定义为 1 个活力单位（U）。随着酶活力的增大，曲线斜度逐渐趋于平坦，测定结果准确性相应减少，在 1～200 U 只能大致反映酶活力的大小，超过 200 U 时，曲线已很平坦，需将标本稀释后再行测定。

3　实验材料、仪器用具与试剂

（1）材料：家蚕 5 龄期丝腺或家蚕血淋巴，或其他昆虫血淋巴、功能组织。

（2）仪器用具：恒温水浴箱、分光光度计、研磨器、移液枪、试管、比色皿、胶头滴管等。

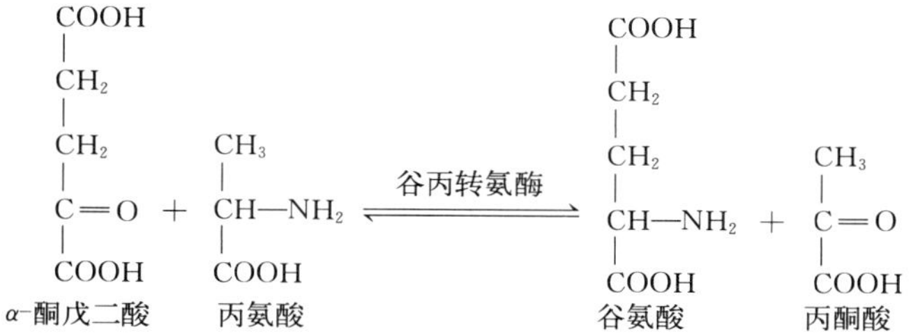

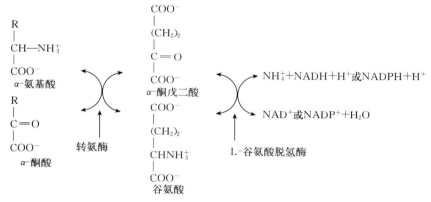

图 23-1 谷氨酸-丙酮酸的转氨反应

图 23-2 谷-丙转氨酶催化的反应体系

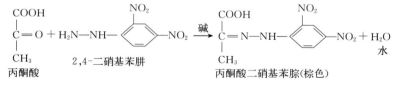

图 23-3 谷丙转氨酶测试反应原理

（3）实验试剂配制。

① 2 mmol/L 标准丙酮酸钠溶液：准确称取 22 mg 丙酮酸，溶解后定容至 100 mL。

② 1 mmol/L 2,4-二硝基苯肼溶液：称取 20 mg 2,4-二硝基苯肼，先溶于 10 mL 浓盐酸，再加蒸馏水定容至 100 mL，储存在棕色瓶。

③ ALT 基质液：200 mmol/L DL-丙氨酸。

④ 0.4 mol/L NaOH 溶液。

⑤ 1/15 mol/L pH 7.4 磷酸缓冲液。

4 实验方法

4.1 样品准备

（1）取血：将 eppendroff 管放置在冰浴中，剪去 5 龄期大蚕尾角，将血淋巴滴入管内，加少许苯基硫脲防止血淋巴氧化变黑，在 4 ℃下 8 000 r/min 离心 15 min。取上清液作为样品。

（2）在昆虫解剖盒内置少量冰块，解剖家蚕，取出丝腺。称量 2 g 丝腺用解剖剪剪切成小块，迅速转入加有预冷 1/15 mol/L pH 7.4 磷酸盐缓冲液的研磨器内研磨成匀浆。立即转入 eppendroff 管，在 4 ℃离心 15 min。取上清液作为样品。

4.2 丙酮酸标准曲线制作

按表 23 - 1 在标记好的试管内依次加入试剂。

表 23 - 1　丙酮酸标准曲线制作（μL）

试剂	1	2	3	4	5	6
丙酮酸标准溶液	0	50	100	150	200	250
ALT 基质液	500	450	400	350	300	250
pH 7.4 磷酸盐缓冲液	100	100	100	100	100	100

各管试剂加入完毕，轻轻晃动试管使之混合均匀，立即置 37 ℃水浴 30 min；试管中各加入 1 mmol/L 2,4 -二硝基苯肼溶液 500 μL，37 ℃水浴继续保温 20 min。温育完毕，即加入 0.4 mol/L NaOH 溶液 5 mL。混匀，37 ℃水浴放置 10 min 后，由水浴箱中取出置冷水中，冷却至室温，在 5～6 min 内测定 505 nm 波长处的吸光值，以 1/15 mol/L pH 7.4 磷酸盐缓冲液调零点，读取系列管读数。吸光度均减去 0 号管吸光度。制作标准曲线或回归方程式 $y = a + bx$，计算 r 值。

4.3 样品谷丙转氨酶活性测定

按表 23 - 2，在标记好的试管内依次加入试剂。

各管试剂加入完毕，轻轻晃动试管使之混合均匀，立即置 37 ℃水浴 30 min；温育完毕，即加入 0.4 mol/L NaOH 溶液 5 mL。混匀，37 ℃水浴放置 10 min 后，由水浴箱中取出后放置在冷水中，冷却至室温，在 5～6 min 内测定 505 nm 波长处的吸光值，以对照管调零，读取系列管读数。

表 23 - 2 样品谷丙转氨酶活性测定反应体系（μL）

试剂 \ 管号	丝腺			血淋巴			对照
	1	2	3	4	5	6	7
2,4-二硝基苯肼溶液	500	500	500	500	500	500	500
ALT 基质液	0	0	0	0	0	0	500
丝腺样品溶液	200	200	200	200	200	200	0

5 实验结果

测得的数据偏离不是太大，实验结果应该取 3 个重复实验的平均数值。偏差较大时，应该去掉偏离较大的数据；将测得的吸光值转换成活力单位，计算每克丝腺或每微升血淋巴中的谷丙转氨酶活力。

$$\text{ALT 活性 } [\text{U/mg（或 U/}\mu\text{L）}] = \frac{\text{测得的活力单位}}{0.2\text{mL}} \times 10\ \text{mL/g（丝腺）}$$

$$[\text{或 mL/}\mu\text{L（血淋巴）}]$$

6 思考题

（1）为什么样品制备过程中要用冰浴？反应时却用 37 ℃水浴？

（2）谷丙转氨酶测定的基本原理是什么？

（3）实验数据如何进行相关性分析？

参考文献

广东农林学院蚕桑系. 昆虫保幼激素类似物对家蚕后部丝腺谷氨酸-丙酮酸转氨酶活性的影响 [J]. 昆虫学报，1975，(4)：363 - 366.

Bergmeyer H U, Scheibe P, Wahlefeld A W. Optimization of methods for aspartate amino - transferase and alanine aminotransferase [J]. Clin Chem., 1978，24 (1)：58 - 73.

实验二十四　昆虫血淋巴中维生素 C 含量的测定

1　实验目的

（1）掌握动物和植物中维生素 C 测定的基本原理和方法。
（2）学习微量滴定技术。

2　实验原理

抗坏血酸分子中存在烯醇式结构（—C＝C—OH），因而具有很强的还原性，氧化失去两个氢原子而转变成脱氢抗坏血酸。2,6-二氯酚靛酚钠盐（$C_{12}H_6O_2NCl_2Na$）染料氧化抗坏血酸而其本身被还原为无色的衍生物，可作为维生素 C 含量测定的滴定剂和指示剂。在酸性溶液中氧化型 2,6-二氯酚靛酚呈红色，在中性或碱性溶液中呈蓝色。因此，当用 2,6-二氯酚靛酚滴定含有抗坏血酸的酸性溶液，在抗坏血酸尚未全部被氧化时，滴下的 2,6-二氯酚靛酚立即被还原为无色，抗坏血酸全部被氧化时，则滴下的 2,6-二氯酚靛酚溶液呈红色。所以，在测定过程中当溶液从无色转变成微红色时，表示抗坏血酸全部被氧化，此时即为滴定终点。根据滴定消耗染料标准溶液的体积，可以计算出被测定样品中抗坏血酸的含量。二氯酚靛酚又称 DCPIP，是分子式为 $C_{12}H_7NCl_2O_2$ 的有机化学物质（图 24-1），主要用于用检验维生素 C。

3　实验材料、仪器用具与试剂

（1）材料：5 龄期家蚕、适熟桑叶。
（2）仪器用具：组织研磨器或电动捣碎机、低温冷冻离心机、微量滴定管、50 mL 锥形瓶、烧杯、移液器或 1～10 mL 各种刻度移液管。
（3）试剂配制。
① 2％乙二酸（草酸）溶液：准确称取 10 g 乙二酸，溶于少量蒸馏水溶解，定容至 500 mL。
② 标准维生素 C 溶液 A：准确称取 25 mg 维生素 C 溶于 2％乙二酸溶液，

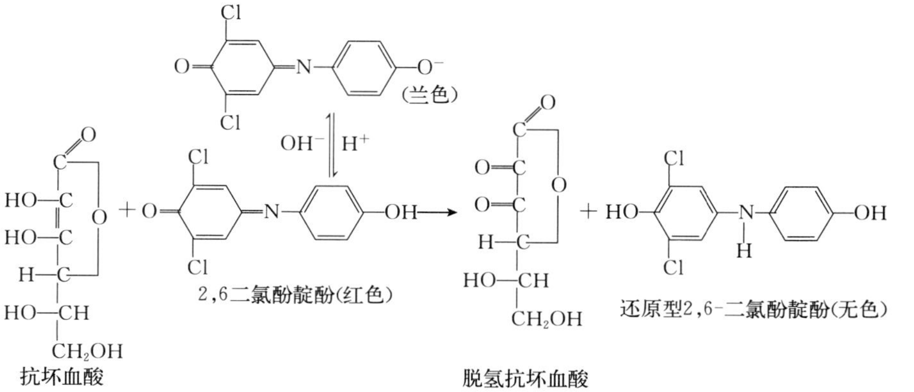

图 24-1　2,6-二氯酚靛酚测定法基本原理

使终浓度达到 1 mg/mL。

③ 碳酸氢钠溶液：208 mg $NaHCO_3$ 溶于 500 mL 蒸馏水。

④ 0.1％的二氯酚靛酚：准确称取 2,6-二氯酚靛酚 0.500 g，溶于碳酸氢钠溶液中，定容至 500 mL。贮存在棕色瓶中，置于冰箱备用。

⑤ 5％（V/V）乙酸溶液：准确吸取 5 mL 98％纯乙酸，蒸馏水定容至 100 mL。

⑥ 0.1 mg/mL 二氯酚靛酚溶液：200 mg 2,6-二氯酚靛酚，溶解于 50 mL 热水，放冷，定容至 200 mL 量瓶中，稀释到刻度。此贮存液可保持 2 周。使用时可稀释至 0.1 mg/mL。

⑦ 标准维生素 C 溶液 B：30 mg 维生素 C 溶解于 50 mL 5％乙酸中。使用前可用 5％乙酸稀释 10 倍，此液相当 0.06 mg/mL 维生素 C。

⑧ 2.5％偏磷酸溶液：2.5 g 偏磷酸溶于 100 mL 水。

⑨ 5％三氯乙酸：5 g 三氯乙酸溶于 100 mL 水。

⑩ 10％钨酸钠溶液：称取 10 g 钨酸钠（$Na_2WO_4 \cdot 2H_2O$）溶于 100 mL 蒸馏水。

⑪ 1/3 mol/L 硫酸溶液：硫酸分子量 98.078，密度 1.832 5 g/cm^3，配制 100 mL 1/3 mol/L 硫酸溶液需要浓硫酸 12 mL。

4　实验方法与步骤

（1）取小三角瓶两个，各加入酸性标准维生素 C 溶液 2 mL，2％乙二酸溶液 10 mL。

（2）用 0.1％的二氯酚靛酚，滴定标准维生素 C 溶液 A，迅速滴定至微红色，保持 10～20 s 不变色。取两次滴定的平均值，记录所用的二氯酚靛酚的量（mL）。计算 1 mL 2,6-二氯酚靛酚相当于维生素 C 的量。

（3）样品制备。

桑叶样品制备：取 5 g 桑叶做分析样本，用剪刀剪碎后置于研钵中加 2%乙二酸 10 mL 研磨成匀浆，另加 2%乙二酸 10 mL 捣成糊状，用多层纱布过滤。滤液用漏斗注入 100 mL 容量瓶中，残留在研钵中的样品，用 2%乙二酸 10 mL 再研磨一次残渣后，将滤液加入量瓶中，最后加 2%乙二酸至容量瓶的标线。

家蚕血淋巴样品制备：取离心后的家蚕血淋巴 500 μL 于 eppendroff 管中，缓慢加入蒸馏水 3.5 mL 轻拌搅，再加入 10%钨酸钠 500 μL，用吸管加入 1/3 mol/L 硫酸 500 μL，摇匀，静置 5 min，此时已呈棕褐色。3 500 r/min 离心 10 min，上清液为稀释 10 倍的无色透明的无蛋白滤液。

（4）样品滴定。

桑叶样品滴定：吸取桑叶样品液 10 mL 于 50 mL 三角瓶中，微量滴定管滴定已标定的 2,6-二氯酚靛酚溶液，至微红色出现能保持30 s 不褪色为止。用 2,6-二氯酚靛酚溶液滴定要迅速，整个过程不宜超过 2 分钟，共滴定两次，取平均值。空白试验，不加桑叶样品，用标准维生素液 10 mL 代替桑叶样品，同样用二氯酚靛酚滴定。

家蚕血淋巴样品滴定：取 500 μL 无蛋白滤液，用 2 mL 2.5%偏磷酸稀释，混合，离心 3 500 r/min 10 min，将上清液用 0.1 mg/mL 二氯酚靛酚微量滴定管滴定，直到紫红色消失，记录滴定量。取 2 mL 维生素 C 标准液（0.6 mg/mL）加入 8 mL 2.5%偏磷酸中，用 0.1 mg/mL 二氯酚靛酚微量滴定管滴定，至紫红色二氯酚靛酚消失，转变为玫瑰红色，记录滴定量。

5　结果处理

按分析样本数量及稀释倍数，计算 5 g 桑叶分析样品中所含维生素 C 的毫克数。先算出 1 mL 二氯酚靛酚相当多少毫克维生素 C，此值称校正常数。计算 5 g 样本中含维生素 C 的量 F。

$$F = (V_1 - V_2) \times V_t/W \times 5$$

其中，V_1：滴定样品用 2,6-二氯酚靛酚平均值（mL）；V_2：滴定标准维生素 C 空白试验用去 2,6-二氯酚靛酚的平均值（mL）；W：与提取液 10 mL 相当的桑叶样品重量（g）；V_t：吸取供分析的桑叶样品的量（mL）。

家蚕血液中的维生素 C 含量 F（mg/mL）：

$$F = 0.6 (V_1/V_2)$$

V_1：家蚕血淋巴样品滴定用去的二氯酚靛酚量（μL）。

V_2：标准维生素 C 滴定二氯酚靛酚（μL）。

6　思考题

（1）维生素的结构和生理特性。

（2）维生素 C 的测定原理和计算方法。

参考文献

周德庆，韩雅珊. 用 2，6 - 二氯靛酚制成速测片快速测定果蔬及其制品中维生素 C 含量方法的研究 [J]. 食品与发酵工业，1991，（03）：43 - 46＋32.

Hughes D E. Titrimetric determination of ascorbic acid with 2,6 - dichlorophenol indophenol in commercial liquid diets [J]. J Pharm Sci. ，1983，72（2）：126 - 129.

实验二十五　昆虫血液氧化还原酶定性定量分析

1　实验目的

（1）了解乳酸脱氢酶活性测定原理。
（2）学习用比色法测定酶活性的方法。

2　实验原理

以昆虫血淋巴乳酸脱氢酶（简称 LDH，EC.1.1.1.27）为例进行实验。

乳酸脱氢酶是催化乳酸和丙酮相互转化的同工酶，属于氢转移酶。LDH 催化丙酮酸与乳酸之间的还原与氧化反应，在碱性条件下促进乳酸向丙酮酸方向的反应，而在中性条件下促进丙酮酸向乳酸的转化（为逆反应）。LDH 是参与糖无氧酵解和糖异生的重要酶。家蚕脂肪体含有乳酸脱氢酶，可以催化乳酸脱氢而生成丙酮，所脱下的氢传递给辅酶 I，辅酶 I 接受氢之后成为还原型的辅酶 I（NADH），它在无氧条件下可将氢转入甲烯蓝（亚甲基蓝），使甲烯蓝褪色（图 25-1）。可观察到乳酸的脱氢作用。在一定条件下，向含丙酮酸及 NADH 的溶液中，加入一定量乳酸脱氢酶提取液，观察 NADH 在反应过程中 340 nm 处光吸收减少值，减少越多，则 LDH 活力越高。其活力单位定义是：在 25 ℃，pH 7.5 条件下每分钟 A_{340} 下降值为 1.0 的酶量为 1 个单位。

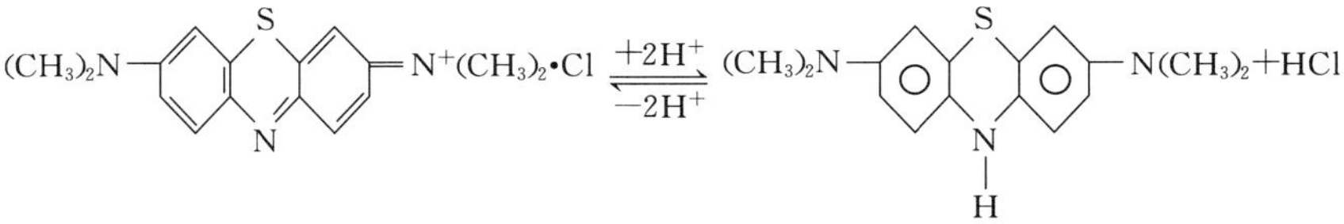

$$(CH_3)_2N \overset{S}{\diagdown} N^+(CH_3) \cdot Cl \overset{+2H^+}{\underset{-2H^+}{\rightleftharpoons}} (CH_3)_2N \overset{S}{\diagdown} N(CH_3)_2 + HCl$$

甲烯蓝(氧化型)　　　　　　　　　　甲烯白(还原型，无色)

图 25-1　甲烯蓝作指示剂测定氧化还原反应的原理

3　实验材料、仪器用具与试剂

（1）材料：家蚕卵、脂肪体等材料。
（2）仪器用具：组织捣碎机、恒温水浴、分光光度计、移液管 5 mL（×2）、移液管 0.1 mL（×2）、微量注射器 10 μL（×1）。

（3）试剂配制。

① 50 mmol/L pH 6.5 磷酸氢二钾-磷酸二氢钾缓冲液母液：

A：50 mmol/L K_2HPO_4，称 K_2HPO_4 1.74 g 加蒸馏水溶解后定容至 200 mL。

B：50 mmol/L KH_2PO_4，称 KH_2PO_4 3.40 g 加蒸馏水溶解至 500 mL。

取溶液 A 31.5 mL＋溶液 B 68.5 mL，调节 pH 至 6.5。置于 4 ℃冰箱备用。

② 10 mmol/L pH 6.5 磷酸氢二钾-磷酸二氢钾缓冲液，用上述母液稀释得到。现用现配。

③ 0.2 mol/L pH 7.5 磷酸氢二钠-磷酸二氢钠缓冲液母液：

A：0.2 mol/L Na_2HPO_4，称 $Na_2HPO_4 \cdot 12H_2O$ 71.64 g 加蒸馏水溶解后定容至 1 000 mL。

B：0.2 mol/L NaH_2PO_4，称 $NaH_2PO_4 \cdot 2H_2O$ 31.21 g 加蒸馏水溶解后定容至 1 000 mL。

取溶液 A 84 mL＋溶液 B 16 mL，调节 pH 至 7.5。置于 4 ℃冰箱备用。

④ 0.1 mol/L 磷酸盐（pH 7.5 N_2HPO_4－NaH_2PO_4 或 pH 7.4 K_2HPO_4－KH_2PO_4）缓冲液，用上述 A、B 两液稀释得到。

⑤ NADH 溶液：称 3.5 mg 纯 NADH 置试管中，加 0.1 mol/L pH 7.5 磷酸缓冲液 1 mL 摇匀。现用现配。

⑥ 丙酮酸钠溶液：称 2.5 mg 丙酮酸钠，加 0.1 mol/L pH 7.5 磷酸缓冲液 29 mL，使其完全溶解。

4　实验方法与步骤

（1）样品制备：准确称取蚕卵或家蚕脂肪体材料，按 w/V＝1/4 比例加入 4 ℃预冷的 10 mmol/L pH 6.5 磷酸氢二钾-磷酸二氢钾缓冲液，用组织捣碎机捣碎，每次 10 s，连续 3 次。将匀浆液倒入烧杯中，置于 4 ℃冰箱中提取过夜，过滤后得到组织提取液。

（2）预先将丙酮酸溶液及 NADH 溶液放在 25 ℃水浴中预热。

（3）取 2 支小试管，在 1 支小试管中加入 0.1 mol/L pH 7.5 磷酸氢二钾-磷酸二氢钾缓冲液 3 mL，置于紫外分光光度计中，在 340 nm 处将光吸收调节至 0；另一支小试管用于测定 LDH 活力。

（4）依次加入丙酮酸钠溶液 2.9 mL，NADH 溶液 100 μL，摇匀后倒入比色杯，测定 340 nm 处光吸收值（A_{340}）。取出比色杯加入经稀释的酶液 10 μL，立即计时，摇匀后，每隔 0.5 min 测 A_{340}，连续测定 3 min。

（5）以 A_{340} 对时间作图，取反应最初线性部分，计算每分钟 A_{340} 减少值 $\triangle A_{340}$。加入酶液的稀释度（或加入量）应控制 A_{340} 下降值在 $0.1\sim0.2/\min$。

（6）乳酸脱氢酶定性实验：

① 取干洁试管 3 支标明号码，按表 25-1 依次加入试剂。

表 25-1　乳酸脱氢酶定性测试反应体系

试剂或样品	试管编号		
	1	2	3
样品（μL）	300	300	0
煮沸样品（μL）	0	0	300
0.5 mol/L 乳酸钠溶液（μL）	0	300	300
0.01% 甲烯蓝（μL）	75	75	75
0.1 mol/L pH 7.5 磷酸盐缓冲液（mL）	2	2	2
蒸馏水（mL）	1	0	0

② 将以上各试管摇匀，沿试管壁小心加入石蜡油一层，用以隔绝空气。放入 37 ℃恒温水浴中 $30\sim60$ min，随时观察各试管褪色的情况，做好记录，并用理论知识解释。

5　结果处理

计算每毫升组织提取液中 LDH 活力单位 U：
$$U = (\triangle A_{340})/[酶液加入量（10\ \mu L）\times 0.001] \times n$$
式中，U：乳酸脱氢酶活力单位；

　　　　$\triangle A_{340}$：340 nm 处吸光值之差；

　　　　n：稀释倍数。

6　思考题

（1）氧化还原酶的基本特性及其在代谢中的作用。

（2）写出实验中所用的酶反应方程式。

参考文献

费芬娟. 乳酸脱氢酶测定方法及影响因素的探讨 [J]. 兰化科技，1983（S1）：69-73.

King J. The dehydrogenases or oxidoreductases - lactate dehydrogenase, In：Van，D.
　　（ED.），Practical Clinical Enzymology [M]. London：Van Nostrand，1965：83-93.

实验二十六　昆虫血淋巴酶类米氏常数的测定

1　实验目的

（1）了解酶反应米氏常数的意义。

（2）掌握酶的米氏常数测定方法。

2　实验原理

H_2O_2 被过氧化物酶分解成 H_2O 和 O_2，未分解的 H_2O_2 用高锰酸钾（$KMnO_4$）在酸性环境中滴定，根据反应前后 H_2O_2 的浓度差可计算反应速度。

本实验以实验材料提供过氧化氢酶，以 $1/v$ - $1/S$ 作图，求出 K_m 值。

3　实验材料、仪器用具与试剂

（1）材料：家蚕卵、5 龄期大蚕血淋巴。

（2）仪器用具：恒温水浴箱、电磁炉、研钵、锥形瓶、温度计、容量瓶、微量滴定管、不同规格移液管。

（3）试剂配制。

① 0.02 mol/L pH 7.0 磷酸缓冲液。

② 0.02 mol/L $KMnO_4$ 溶液：准确称取 1.6 g $KMnO_4$，溶解并定容至 500 mL；煮沸 15 min，2 d 后过滤，用棕色瓶保存。

③ 0.004 mol/L $KMnO_4$ 溶液：准确称取恒重乙二酸钠 0.2 g，加 250 mL 无离子水及 10 mL 浓硫酸，搅拌溶解，用 0.02 mol/L $KMnO_4$ 溶液滴定至微红色，水浴加热至 65 ℃（乙二酸钠溶液与高锰酸钾常温下反应较慢，加热可加快反应速度），继续滴定至溶液微红色并 30 s 不褪色，算出 $KMnO_4$ 的准确浓度，稀释成 0.004 mol/L 即可。其反应式：

$$2KMnO_4 + 5 Na_2C_2O_4 + 8H_2SO_4 = 5 Na_2SO_4 + K_2SO_4 + 2MnSO_4 + 8H_2O + 10CO_2 \uparrow 。$$

④ 0.05 mol/L H_2O_2：取 11.5 mL 30% H_2O_2 加入 500 mL 容量瓶中，加蒸馏水至刻度（约 0.2 mol/L），用标定的 0.004 mol/L $KMnO_4$ 溶液标定其准确浓度，再稀释成 0.05 mol/L。标定前稀释 3~4 倍，取 2.0 mL，加 25% H_2SO_4 2 mL，用 0.004 mol/L $KMnO_4$ 溶液滴定至微红色。

⑤ 配制 25% H_2SO_4 50 mL。

4 实验方法与步骤

（1）样品制备：

① 取家蚕卵若干，加少量预冷的 0.02 mol/L pH 7.0 磷酸缓冲液研磨，迅速以纱布，2 000 rpm 低速冷冻离心去杂质，取上清液放置在 4 ℃冰箱备用。

② 取 5 龄期家蚕血液滴入冰浴中的 eppendroff 管，加入少量苯基硫脲防止氧化变黑。迅速以 3 000 r/min 冷冻离心 10 min，取上清液作为样品待测液。

（2）取锥形瓶 6 只，按表 26-1 的顺序加入试剂。先加入 0.05 mol/L H_2O_2 及蒸馏水，加酶液后立即混合，依次记录各瓶的起始反应时间。各瓶反应时间达到 5 min 时立即加 2 mL 25% H_2SO_4 终止反应，充分混匀。用 0.04 mol/L $KMnO_4$ 溶液滴定各瓶中剩余的 H_2O_2 至微红色，记录消耗的 $KMnO_4$ 体积。

表 26-1　测定过氧化氢酶米氏常数的反应体系（mL）

试剂	试管编号					
	0	1	2	3	4	5
0.05 mol/L H_2O_2	0	1.00	1.25	1.67	2.50	5.00
蒸馏水	9.50	8.50	8.25	7.83	7.00	4.50
样品液	0.50	0.50	0.50	0.50	0.50	0.50

5 实验结果处理

分别求出各瓶的底物浓度 S 和反应速度 v。

$$S = \frac{C_1 V_1}{10}$$

$$v = (C_1 V_1 - 2.5 C_2 V_2)/5$$

式中，S：底物的浓度（mol/L）；

　　　C_1：H_2O_2 的浓度（mol/L）；

　　　V_1：H_2O_2 的体积（mL）；

10：反应的总体积（mL）；

v：反应速度（mmol/min）；

C_2：KMnO$_4$ 浓度（mol/L）；

V_2：KMnO$_4$ 体积（mL）。

以 $1/v$ 对 $1/S$ 作图，求出 K_m 值。

6　思考题

（1）米氏常数的定义是什么？有何生物学意义？

（2）米氏常数测定的基本原理。

参考文献

Samuni A. A direct spectrophotometric assay and determination of Michaelis constants for the beta - lactamase reaction [J]. Analytical Biochemistry，1975，63（1），17 - 26.

实验二十七　昆虫微粒子孢子抗体的制备和免疫荧光观察

　　以鳞翅目昆虫家蚕为例，微粒子孢子是一种垂直传染、危害性极大的家蚕病害，在十九世纪曾对法国等欧洲国家蚕业造成毁灭性打击，并从此使之一蹶不振。自从巴斯德发现微粒子孢子的垂直传染、母蛾镜检技术以来，广为各国蚕业界采用并延续至今。蚕种的预知检查成为控制微粒子病的主要手段，早期诊断技术也随着时代的发展有所突破。目前，单克隆抗体、PCR 诊断试剂盒等研发成功，给蚕业防微工作带来了希望。

1　实验目的

　　（1）了解微粒子孢子抗体制作过程。
　　（2）掌握微粒子孢子抗体检验技术。
　　（3）掌握蚕种生产防治微粒子孢子的技术措施。

2　实验原理

　　脊椎动物在长期进化过程中，其免疫系统具有"记忆"功能，可识别入侵病原微生物、异物等，从而引起细胞免疫和体液免疫系统的反应，对入侵外源物质采取吞噬、囊胞形成、伤口愈合、产生抗体等方法消灭病原物，达到免疫效果。鸡、小鼠、兔、马、羊等多数畜禽都具有后天免疫机制，一次或多次携带表面抗原蛋白的病原物的侵入可能引起机体产生抗体，这种抗体特异性地识别病原物的抗原蛋白，产生免疫沉淀，使病原失活。

　　当微粒子孢子被注射到家兔、鸡、小鼠等脊椎动物体内，将会引起脊椎动物免疫系统的反应，产生抵抗微粒子孢子病原的抗体。由于抗体和抗原的高度专一性结合，在抗体偶联上荧光物质时，就可以在荧光显微镜下观察到其与抗原结合后的荧光物质，由此诊断微粒子孢子的存在。

3　实验材料、仪器用具与试剂

　　（1）材料：纯化的家蚕微粒子孢子 Nosema bombycis、家兔、待检样品

（蚕粪、蚕血淋巴、蛾等）。

（2）仪器用具：冰箱、荧光显微镜、匀浆器、离心机、电磁搅拌器、分部收集器、真空干燥器、离心管、注射器、层析柱、透析袋、载玻片、移液器及枪头。

（3）试剂配制。

① 饱和硫酸铵；

② 福氏完全佐剂（生物技术公司购买）；

③ 异硫氰酸荧光素（生物技术公司购买）；

④ 0.1 mol/L pH 9.5 碳酸钠缓冲液；

⑤ 葡聚糖凝胶 G - 50（生物技术公司购买）；

⑥ 50%丙酮；

⑦ 0.01 mol/L pH 8.0 磷酸缓冲液；

⑧ 甘油；

⑨ 羊抗兔 IgG 荧光抗体（生物技术公司购买）。

4　实验方法与步骤

（1）微粒子孢子纯化：家蚕 5 龄期添食接种微粒子孢子，至化蛾期患病的蚕蛾经过研磨后，低速离心（2 000 r/min），去除蚕蛾组织残渣；收集上清液，以 5 000 r/min 沉淀微粒子孢子。加入等体积饱和硫酸铵，置 4 ℃冰箱 4 h，5 000 r/min 离心去除杂蛋白。取上清液，加水 20 倍稀释后以 3 000 r/min 离心 10 min，洗涤 3～4 次去除硫酸铵后得到纯化的微粒子孢子。加入无菌水稀释成 10^8～10^{10} 孢子/mL。

（2）按溶液体积加入石英砂，在匀浆器内研磨，转入离心管内以 12 000 r/min 离心 5 min，取上清液做免疫抗原。

（3）将上述抗原与福氏完全佐剂等体积混合，注射成年雄兔（2 kg 左右）。第一次基础免疫后，隔周注射加强免疫。免疫 4～6 次后采血测定抗血清效价，达到 1∶（10～28）时免疫动物完成，按常规方法收集抗血清。

（4）抗血清经硫酸铵盐析纯化得到初步纯化的免疫球蛋白，溶于 0.1 mol/L pH 9.5 磷酸缓冲液中。

（5）将免疫球蛋白与异硫氰酸荧光素（FITC）按照 80∶1 的比例混合，调整 pH 至 8.2～8.5，室温下电磁搅拌 4 h。

（6）将混合液用移液器转入透析袋，用 0.1 mol/L pH 8.2 缓冲液透析。

（7）透析后的样品加入葡聚糖凝胶 G - 50 层析柱层析，收集荧光抗体，用真空干燥机冻干保存于－20 ℃冰箱。

（8）将待检测样品蚕粪、血淋巴、蚕蛾研磨液等均匀涂布在载玻片上，风干后滴入 50％丙酮固定。

（9）直接荧光抗体法检测：在上述待检样品上滴入微粒子孢子荧光抗体，37 ℃保湿温育 30 min，用 0.01 mol/L pH 8.0 磷酸缓冲液冲洗三次，除去未结合的荧光抗体，风干，加甘油后以盖玻片封盖。在荧光显微镜下观察。

（10）间接荧光抗体法检测：在上述待检样品上滴入微粒子孢子抗体，37 ℃保湿温育 30 min，用 0.01 mol/L pH 8.0 磷酸缓冲液冲洗三次，除去未结合的荧光抗体，吸干，滴入羊抗兔 IgG 荧光抗体，加甘油后以盖玻片封盖。在荧光显微镜下观察。

5　实验结果处理

制备的微粒子孢子抗体效价应达到 1 000 倍以上，荧光抗体的 F/p 值和特异性滴度为 3.0 左右。

观察到的微粒子孢子在荧光显微镜下应呈现翠绿色。

6　思考题

（1）微粒子孢子抗体制备的原理。
（2）微粒子孢子抗血清的纯化过程。
（3）为什么微粒子孢子抗体能检测到微粒子孢子病原物？
（4）在理论上比较微粒子孢子单克隆抗体与抗血清在检测微粒子病原物上的区别。

实验二十八　昆虫表皮几丁质的定性和定量测定

家蚕等昆虫的表皮主要由蛋白质和几丁质组成。几丁质是 N-乙酰-β-D-氨基葡萄糖通过 β-1,4-糖苷键连接在一起的多聚物。表皮几丁质的惰性、难溶性和表皮骨质化蛋白使昆虫具有坚硬的外壳，支撑起体形并适应各种环境条件。

1　实验目的

通过实验，了解昆虫表皮的化学组成，掌握几丁质的定性和定量测定方法。要求掌握实验基本原理，详细记录实验观察到的现象和数据，得出正确的实验结论。

2　实验原理

家蚕等昆虫表皮中的化学物质在酸、碱处理下，能去除表皮中的蛋白质、脂类、色素和矿物质等，并促使几丁质分子部分水解，脱去乙酰基形成几丁聚糖（即壳聚糖）和乙酸。几丁聚糖在稀酸和碘的作用下，产生紫色反应。

3　实验材料、仪器用具与试剂

（1）材料：5 龄期家蚕或其他昆虫幼虫、蛹。

（2）仪器用具：电子天平、离心机、匀浆器、温度计（100～200 ℃）、电炉、试管、烧杯、滤纸、培养皿、白瓷点滴板。

（3）试剂配制。

① NaOH 溶液：配制 7%、10% 和 42%（w/V）的 NaOH 溶液；

② 表皮脱色液：20% NaOH 加入无水乙醇使之终浓度为 50%；

③ 显色液：0.03% I_2-KI 溶液；

④ 其他试剂：配制 3%～4% 浓度（V/V）盐酸溶液，1% $CuSO_4$ 溶液，1%、75% H_2SO_4 溶液，10% 乙酸溶液，浓硝酸，饱和 KOH 溶液。

4 实验方法

4.1 样品制备

取供试家蚕若干头，解剖体壁，剔除内壁上的脂肪、肌肉等组织，将表皮切割成小块；另准备若干小块表皮，用蒸馏水洗涤后，经 95％和无水乙醇脱水，用于定量测定。或收集蚕蜕、蛹蜕、蛾蜕做实验材料。

4.2 样品预处理

浸入 7％NaOH 溶液中，加热至沸水处理 30 min，脱去蛋白质、脂类及部分色素。取出表皮，用蒸馏水洗涤至中性。表皮样品放入 3％ HCl 溶液中，室温浸泡 1 h，除去矿物质。取出表皮，用蒸馏水洗涤至中性，晾干或用电吹风吹干。用表皮脱色液在 80～85 ℃处理 2 h，蒸馏水洗涤，晾干。样品放入 42％NaOH 溶液中，在 85～95 ℃处理 2 h，经洗涤，再处理 1 h，使几丁质脱去乙酰基，得到膜状几丁聚糖。

4.3 几丁质定性测定

取膜状几丁聚糖放在白瓷板上，吸去多余水分，加一滴 1％H_2SO_4，再加一滴显色液，由于几丁聚糖的存在，可见产生紫褐色物质。继续滴入 75％H_2SO_4，数分钟内紫褐色物质变淡、消失，表明几丁聚糖在硫酸作用下产生了水解反应。

4.4 几丁质的定量测定

准确称取经乙醇脱水后的小块表皮 300～500 mg，经过同样的样品处理后，收集膜状几丁聚糖，用蒸馏水洗涤，再经过 95％乙醇和无水乙醇脱水处理准确称量。

几丁质含量（％）＝处理前体壁质量/处理后的体壁质量×1.26×100％

其中，1.26 为几丁质转化系数（乙酰基葡萄糖分子量/氨基葡萄糖分子量）。

参考文献

李秀艳，陈国定，谢德松，等．家蚕表皮组织成分及几丁质的研究简报［J］．浙江农业学报，1992，4（1）：44-45.

Zhang M，Haga A，Sekiguchi H. et al. Structure of insect chitin isolated from beetle larva cuticle and silkworm（*Bombyx mori*）pupa exuvia［J］．Internati. J. Biol. Macromol，

2000，27：99 - 105.

Kumar R. A review of chitin and chitosan applications ［J］. React. &. Funct. Polym. , 2000，46：1 - 27.

Hackman R H，Goldberg M. A method for determinations of microgram amounts of chitin in arthropod cuticles ［J］. Analytical biochemistry，1981，110（2）：277 - 280.

实验二十九　昆虫消化液酸碱度和中肠总蛋白酶活性的测定

昆虫中肠是消化食物的主要场所，杂食特性使得不同种类昆虫中肠消化液酸碱度有较大变化。多数昆虫如蟑螂、白蚁等的嗉囊呈现微酸性，而鳞翅目和毛翅目昆虫中肠则呈碱性，pH 为 8～10。其消化液中含有多种消化酶，如淀粉酶、海藻糖酶、纤维素酶、蛋白酶、酯酶等，对消化吸收各种营养物质非常关键。蛋白酶类型也比较多，鳞翅目昆虫主要含有胰蛋白酶、胰凝乳蛋白酶、丝氨酸蛋白酶等。

1　实验目的

了解昆虫消化液的酸碱性对消化各种食物的作用；掌握总蛋白酶的测定方法。要求弄懂实验基本原理，蛋白酶的测定方法，详细记录实验数据，分析研究得出正确的实验结果。

2　实验原理

2.1　pH 测定

2.1.1　pH 测定试纸初步测定法

pH 测定试纸上有甲基红、溴甲酚绿、百里酚蓝等不同变色范围的指示剂。如甲基红、溴甲酚绿、百里酚蓝和酚酞一样，在不同 pH 的溶液中均会按一定规律变色。甲基红的变色范围是 pH 4.2（红）～6.2（黄），溴甲酚绿的变色范围是 pH 3.6（黄）～5.4（绿），百里酚蓝的变色范围是 pH 6.7（黄）～7.5（蓝），酚酞的变色范围是 pH 8.0（无色）～10.0（红紫色）。用定量的上述混合指示剂浸渍中性白色试纸，晾干后制得的 pH 试纸可用于测定溶液的 pH。

2.1.2　pH 计测定法

利用 pH 计可精确测定血液的 pH 范围。

2.2　酶活性测定

蛋白酶的化学本质是蛋白质，蛋白酶活力的测定必须利用其与底物反应的专一性进行。其基本原理是各种蛋白酶均可水解天然底物酪蛋白，因此由酪蛋白测得的活力是蛋白酶的总活力（如果要测定某种蛋白酶的活力则须借助专一的酶反应底物）。反应混合物 1 个吸收单位的变化定义为 1 个偶氮酪蛋白单位。

3　实验材料、仪器用具与试剂

（1）材料：5 龄家蚕幼虫或其他昆虫幼虫

（2）仪器用具：匀浆机或研钵、烧杯、试管、恒温水浴箱（槽）、低温高速离心机、分光光度计。

（3）试剂：生理盐水（0.15 mol/L NaCl）、氨苯磺胺偶氮酪蛋白（20 mg/mL）、20%（w/V）三氯乙酸、甘氨酸-NaOH 缓冲液（pH 9.2）。

4　实验方法

4.1　中肠酶液的制备

家蚕 5 龄幼虫在 0～4 ℃下迅速解剖，用预冷的 0.15 mol/L NaCl 溶液冲洗去血液，截取中肠及其内含物，冰冻贮存（−20 ℃）。测试前，取出稍融后加等体积的 0.3 mL 0.2 mol/L 的甘氨酸- NaOH pH 9.2 缓冲液在冰浴内匀浆。匀浆液用离心机在 4 ℃条件下 10 000 r/min 离心，取上清液作为测试用的中肠酶液。

4.2　使用 pH 试纸测定肠液酸碱性

撕下一条广泛 pH 试纸，滴一滴昆虫消化液，待变色稳定后与标准色卡对比，即可得到溶液较为准确的酸碱性。

4.3　总蛋白酶活性

用氨苯磺胺偶氮酪蛋白为底物测定。偶氮酪蛋白以 20 mg/mL 的浓度溶于 0.15 mol/L NaCl 溶液。取该液 0.3 mL 加入含中肠酶液的 0.3 mL 0.2 mol/L 甘氨酸-NaOH pH 9.2 反应缓冲液中。在 30 ℃反应 2 h，加入 0.6 mL 的 20%（重量/体积）三氯乙酸终止反应。反应混合物在 10 000 r/min，4 ℃离心 15 min，取上清液在用分光光度计在 366 nm 处测光吸收值。

拓展：蛋白质含量标准曲线制作。

考马斯亮蓝法测定蛋白质浓度，是利用蛋白质-染料结合的原理，定量地测定微量蛋白浓度的快速、灵敏的方法。考马斯亮蓝 G - 250 存在着两种不同的颜色形式，红色和蓝色。它和蛋白质通过范德华力结合，在一定蛋白质浓度范围内，蛋白质和染料结合符合比尔定律（Beer's law）。此染料与蛋白质结合后颜色有红色形式和蓝色形式，最大光吸收由 465 nm 变成 595 nm，通过测定

595 nm 吸光度可测定蛋白质的含量。另外，反应体系中呈现的颜色变化主要是 G-250 分子间疏水相互作用形成的聚集体聚集程度不同引起的。单体形式表现为蓝色，单体和聚集体共存时表现为绿色，全为聚集体形式呈现为棕红色。影响因素主要为溶液体系中磷酸、乙醇、NaCl 的含量。

（1）考马斯亮蓝试剂：考马斯亮蓝 G-250 100 mg 溶于 50 mL 95% 乙醇，加入 100 mL 85% H_3PO_4，用蒸馏水稀释至 1 000 mL，滤纸过滤。最终试剂中含 0.01% (w/V) 考马斯亮蓝 G-250，4.7% (w/V) 乙醇，8.5% (w/V) H_3PO_4。

（2）标准蛋白质溶液：纯的牛血清白蛋白（BSA），预先经微量凯氏定氮法测定蛋白氮含量，根据其纯度用 0.15 mol/L NaCl 配制成 1 mg/mL 蛋白溶液。

（3）反应体系。

表 29-1　标准反应体系表

试管编号	0	1	2	3	4	5	6	7	8	9	10
标准蛋白质溶液（mL）	0	0.1	0.2	0.3	0.4	0.5	0.6	0.7	0.8	0.9	1.0
0.15mol/L NaCl（mL）	1	0.9	0.8	0.7	0.6	0.5	0.4	0.3	0.2	0.1	0
考马斯亮蓝（mL）	4	4	4	4	4	4	4	4	4	4	4
浓度（μg/mL）	0	10	20	30	40	50	60	70	80	90	100

（4）测定和数据回归：将试管摇匀，待反应完成后，在 30 min 内测定 A_{595} 吸光值。以标准蛋白液浓度为横坐标，A_{595} 吸收值为纵坐标绘制标准曲线。用 Excel 制图，求出回归方程式及相关系数。

参考文献

王琛柱，钦俊德. 棉铃虫幼虫中肠主要蛋白酶活性的鉴定 [J]. 昆虫学报，1996，39（1）：7-11.

Houseman J G, Campbell F C, Morrison P E. A preliminary characterization of digestive proteases in the posterior midgut of the stable fly *Stomoxys calcitrans* (L.) (Diptera: Muscidae)[J]. Insect Biochem. 1987. 17 (1), 213-218.

实验三十　昆虫血淋巴中海藻糖含量的测定

家蚕和多数昆虫体内的血糖主要成分是海藻糖。在生长发育过程中，昆虫利用摄食获取的其他营养成分转化为葡萄糖或直接利用食物中的葡萄糖为原料，合成海藻糖。在不同的昆虫品种中，每 100 mL 血淋巴含有 200 mg～1.5 g。多数昆虫的血淋巴、脂肪体细胞中，海藻糖的含量水平高。

1　实验目的

了解蒽酮法测定昆虫血液海藻糖的基本原理，掌握其测试方法。

2　实验原理

海藻糖即 α-D-吡喃（型）葡糖基-α-D-吡喃葡糖苷，是由两分子葡萄糖通过 α-1,1-糖苷键连接形成的二糖，分子式 $C_{12}H_{22}O_{11}$，相对分子质量为 342.3。在酸或碱性条件下水解为葡萄糖，在硫酸作用下生成糖醛类衍生物，与蒽酮作用产生蓝绿色物质。在一定范围内颜色的深浅与糖浓度符合比尔定律。可用分光光度计定量测定。

3　实验材料、仪器用具与试剂

（1）材料：5 龄家蚕、其他昆虫幼虫。

（2）仪器用具：低温高速离心机、制冰机、电炉、温度计、分光光度计。

（3）试剂配制。

① 蒽酮试剂：准确称取蒽酮 0.2 g，溶于 100 mL 浓硫酸；加入 1.0 g 苯基硫脲作为防氧化剂。即配即用，放 4 ℃ 冰箱可保存一周。

② 海藻糖标准溶液：配制 40 mmol/L 海藻糖溶液 10 mL 备用。将海藻糖置于干燥皿内 24 h 以上，准确称取海藻糖 15.132 mg 溶于双蒸水，定容至 10 mL，1.5 mL 分装，－20 ℃ 保存。测定前稀释。或配成 2 mg/mL 的标准液用于测定海藻糖含量。

③ 葡萄糖标准溶液配制：配制 20 mmol/L 葡萄糖标准溶液 100 mL。准确

称取葡萄糖 36.02 mg，用双蒸水定容至 100 mL。

④ 其他试剂：125 mmol/L NaCl 生理盐水、50 mmol/L pH 9.4 碳酸盐缓冲液（0.15 g Na_2CO_3，0.29 g $NaHCO_3$，加水 80 mL，调 pH 至 9.4，定容至 100 mL）。

4 实验方法

4.1 样品制备

4.1.1 血淋巴处理

将家蚕体表消毒，室温稍干后以镊子剪去尾角，将血液滴入放在冰浴中的 eppendroff 管内，加入少许苯基硫脲防止血液氧化变黑。将收集到的血淋巴约 100 μL 在 70 ℃水浴中 10 min，去除杂蛋白。在 4 ℃下，8 000~10 000 r/min 离心，取上清液至新 eppendroff 管作为待测样品液。4 ℃保存或−20 ℃保存，一次性冻融。

4.1.2 中肠组织匀浆液

用于测定海藻糖酶活力。将家蚕 5 龄幼虫体表消毒，解剖取出中肠、体壁、马氏管等组织，用预冷的生理盐水（125 mmol/L）漂洗透析 3 次去除蔗糖，迅速用滤纸吸干。放入匀浆器或研钵中磨碎，匀浆时加入一定量的 50 mmol/L pH 9.4 碳酸盐缓冲液。

4.2 海藻糖含量测定

采用蒽酮法测定。

4.2.1 海藻糖标准曲线制作

取 6 支试管，编号，依次加入标准海藻糖溶液（2 mg/mL）0 μL、20 μL、40 μL、60 μL、80 μL、100 μL。

再在各试管中依次加入双蒸水 100 μL、80 μL、60 μL、40 μL、20 μL、0 μL，分别加入 0.1 mol/L H_2SO_4 200 μL，混匀，沸水浴 5 min，待试管冷却后加入 6 mol/L NaOH 400 μL 中和硫酸。加入蒽酮试剂 3 mL，摇匀，置于沸水浴 5 min，冷却至室温。立即用分光光度计测定 A_{620}。其中第一管空白对照用于调零。

4.2.2 血淋巴海藻糖含量测定

取血淋巴上清液 10 μL，转入另三支试管（重复 3 次）。依次加入双蒸水 100 μL，0.1 mol/L H_2SO_4 200 μL，混匀。在 70 ℃水浴中 10 min，去除杂蛋白。在 4 ℃下，8 000~10 000 r/min 离心，取上清液至新 eppendroff 管作为待测样品液。设空白对照。

4.2.3 海藻糖含量的计算

由 4.2.1 得出海藻糖浓度与 A_{620} 的变化曲线 $y=a+bx$。根据 4.2.2 测得的血液海藻糖 A_{620} 代入公式计算得出 10 μL 血淋巴的海藻糖含量（μg）。

海藻糖浓度（μg/μL）＝10 μL 血淋巴的海藻糖含量（μg）×稀释倍数/样本体积（10 μL）。

参考文献

于彩虹，黄莹，林荣华，等. 五种昆虫可溶性海藻糖酶活性比较［J］. 植物保护，2013，39（4）：5 - 9.

Dahlqvist A. Assay of intestinal disaccharidases. Analyti. Biochem. ，1968，22（1）：99 - 107.

实验三十一　昆虫中肠和血淋巴海藻糖酶活性的测定

海藻糖的合成经过多个酶的催化反应，包括 6-磷酸海藻糖合成酶和 6-磷酸海藻糖磷酸化酶，但海藻糖的水解主要通过海藻糖酶（EC 3.2.1.28）。海藻糖酶专一性地水解海藻糖，将 1 分子海藻糖水解成 2 分子葡萄糖，再进一步通过糖的酵解途径和三羧酸循环分解，为昆虫活动提供所需能量。

1　实验目的

掌握昆虫血液海藻糖酶的作用机制及其活性测定。

2　实验原理

海藻糖在海藻糖酶的作用下水解成两分子葡萄糖。利用其底物专一性，测定海藻糖分解产物葡萄糖的量，测定海藻糖酶的活性。海藻糖酶的活性定义为在最适条件下，每分钟将 1 μmol 底物转化为葡萄糖所需要的酶量为 1 U，活力单位用 mU/mg 表示。

3　实验材料、仪器用具与设备

（1）材料：5 龄家蚕、其他昆虫幼虫。

（2）仪器用具：低温高速离心机、制冰机、电炉、温度计、分光光度计。

（3）试剂配制。

① 二硝基水杨酸显色液：准确称取 1 g 3,5-二硝基水杨酸，1 g NaOH，0.2 g 苯酚，0.05 g 无水亚硫酸钠，定容至 100 mL。

② 酒石酸钾钠溶液：准确称取四水酒石酸钾钠配制成 40%（w/V）溶液。

③ 其他试剂：125 mmol/L NaCl 生理盐水、50 mmol/L pH 9.4 碳酸盐缓冲液（0.15 g Na_2CO_3，0.29 g $NaHCO_3$，加水 80 mL，调 pH 至 9.4，定容至 100 mL）。

4　实验方法

4.1　样品制备

4.1.1　血淋巴处理

将家蚕体表消毒，室温稍干后以镊子剪去尾角，将血液滴入放在冰浴中的 eppendroff 管内，加入少许苯基硫脲防止血液氧化变黑。将收集到的血淋巴约 $100\ \mu L$ 在 70 ℃水浴中 10 min，去除杂蛋白。在 4 ℃下，8 000～10 000 r/min 离心，取上清液至新 eppendroff 管作为待测样品液。4 ℃保存或−20 ℃保存，一次性冻融。

4.1.2　中肠组织匀浆液

用于测定海藻糖酶活力。将家蚕 5 龄幼虫体表消毒，解剖取出中肠、体壁、马氏管等组织，用预冷的生理盐水（125 mmol/L）漂洗透析三次去除蔗糖，迅速用滤纸吸干。放入匀浆器或研钵中磨碎，匀浆时加入一定量的 50 mmol/L pH 9.4 碳酸盐缓冲液。

4.2　海藻糖酶的活性测定

采用二硝基水杨酸法或 Dahlqvist（1968 年）葡萄糖氧化酶终点法（葡萄糖氧化酶测定试剂盒）。

4.2.1　葡萄糖标准溶液配制

取葡萄糖标准溶液，以双蒸水稀释至 1、2、4、8、16、32、64 mmol/L，对照管不加葡萄糖溶液。分别依次取上述浓度标准液 $500\ \mu L$ 至 5 mL 试管中，加入 1.5 mL 二硝基水杨酸显色剂，90 ℃水浴 5 min，在冰浴中冷却，加入 1 mL 酒石酸钾钠溶液。测定 A_{550}。

4.2.2　海藻糖酶的活性测定

取待测血淋巴样品液 $500\ \mu L$ 至 5 mL 离心管中（重复 3 次，设空白对照），加入 1 mL 40 mmol/L 海藻糖标准溶液，37 ℃水浴 30 min。转入沸水浴 2～3 min 终止反应。为防止蛋白质的重新折叠，立即在冰浴中冷却后转入 5 mL 试管，加入 1.5 mL 二硝基水杨酸显色液（或加入葡萄糖氧化酶测定试剂，37 ℃水浴 10 min，测定 A_{550}），90 ℃水浴 5 min。在冰浴中冷却，加入 1 mL 酒石酸钾钠溶液。测定 A_{550}。该葡萄糖为海藻糖在海藻糖酶的作用下所形成的葡萄糖。

4.2.3　蛋白质含量测定

以牛血清白蛋白（BSA，Sigma）作为标准蛋白，采用考马斯亮蓝 G‐250 染色法测定蛋白质含量。

4.2.4 海藻糖酶的活性计算

由 4.2.1 得出葡萄糖浓度（mmol/L）与 A_{550} 关系曲线 $y=a+bx$。以测得的待测样品 A_{550} 代入公式得出血液中海藻糖水解的葡萄糖浓度。海藻糖酶的活力 mU/mg＝A_{550}×葡萄糖浓度（mmol/L）×反应体积（$V_{酶+底物}$）/T（min）。

参考文献

钟国华，胡美英，林进添，等．闹羊花素-Ⅲ对菜青虫海藻糖含量及海藻糖酶活性的影响［J］.华中农业大学学报，2000，（2）：119-123.

实验三十二 昆虫血淋巴酚氧化酶活性与抑制作用观察

酚氧化酶在表皮骨化和保护昆虫免受外源物入侵中起着重要作用。它以酶原形式存在于血淋巴和血细胞中，能转化成活性酚氧化酶。酚氧化酶将多种酚类转化成醌类。酶及其一些产物对表皮的鞣化是重要的。酚氧化酶活性常造成血淋巴黑化，最终在伤口部位变成棕褐色或黑色，当许多昆虫的血淋巴被抽出时会变黑。

1 实验目的

了解酚氧化酶的特性及其功能，观察家蚕等昆虫血淋巴氧化反应现象，掌握实验过程中对血淋巴样品的保护和处理。

2 实验原理

家蚕血淋巴含有酚氧化酶，暴露于空气中迅速氧化，形成奎宁等黑色物质，对病原菌等外来微生物具有毒性，从而起到保护作用，属于机体免疫系统的重要组成部分。在自然条件下，由于血淋巴细胞的凝集反应，亦有利于伤口的愈合。在实验过程中，为了收集血淋巴而不至于造成酶类物质的失活，通常采用物理和化学的方法进行处置。其中物理方法是将收集试管置于低温（冰浴）下，保护酶蛋白的活性；而化学方法通常在收集管中加入少量苯基硫脲，该物质抗氧化，可预防血淋巴的氧化。

3 实验材料、仪器用具与试剂

（1）材料：5 龄家蚕。
（2）仪器用具：剪刀、镊子、瓷盆、eppendroff 管、制冰机。
（3）试剂配制：配制饱和苯基硫脲、5％浓度溶于蒸馏水或乙醇。

4 实验方法

4.1 物理方法

从制冰机获取碎冰，均匀置于瓷盆内，其上放置 eppendroff 管 10 min 以上，使之充分冷却。取家蚕若干条，用剪刀剪去尾脚或尾足，立即将蚕血滴入管内。收集的材料如不使用，须立即转移至 −20 ℃冰箱保存。使用前用自来水冲洗 eppendroff 管外壁或置室温，待其融化。观察血淋巴的颜色变化。

4.2 化学方法

将 5%苯基硫脲 50 μL 加入 eppendroff 管中，并移入 100 μL 家蚕血淋巴，观察血淋巴的颜色变化，并计时确定血淋巴变黑时间。

参考文献

Tabunoki H，Dittmer N T，Gorman M J，et al. Development of a new method for collecting hemolymph and measuring phenoloxidase activity in *Tribolium castaneum*［J］. BMC Res Notes.，2019，7.

附录

1. "Six Thinking Hats" evaluation points
"DNA extraction from animals and plant（silkworm and mulberry）"

Color	Definition	Thinking process on the case
White	Facts, figures, and information	Analyze available information of DNA extraction, protocol, past trends and try to find more referable information.
Red	Emotions, feelings, hunches, intuition	Although it's difficult to decide the same procedures due to species specific, but the materials are all eukaryotes in fact.
Black	Caution, truth, judgment, critical	Note that some information on DNA extract from eukaryotes. It could be used in the experiment, but what is critical about how to break the different cells of silkworm and mulberry to release DNA and isolate it from impurities such as proteins and RNA. It is also critical to isolate nucleic acids from proteins. Centrifuge is an important equipment in the experiment.
Yellow	Advantages, benefits, savings	The most advantage method of breaking cells is grinding materials under extremely low temperature to keep activities of chemicals, and further incubate the materials in trypsin solution to break cells, extract it with $Tris$ - balanced phenol and chloroform to remove most proteins, precipitation of nucleic acids with pre - cold anhydrous ethanol, and remove RNA with RNAse.
Green	Exploration, proposals, creativity and new ideas	Given the information of DNA extraction, the procedures of DNA extraction are similar to the treatment of samples and isolation. Creative experiments in sericulture, which involved in insect and plant science at the same time in the same class.
Blue	Control; organizing	The thinking process focuses on DNA extraction with different materials. It is useful for students who major in sericulture.

2. Brainstorming（BRM）experiment

"Determination of transaminase activity in silk gland of *Bombyx mori*" in an I‑G‑I model will be assigned to each group.

(1) Q:4 BRM instructions:

A. "preparation of pyruvate standard curve";

B. "keeping enzyme activity";

C. "chemical reaction catalyzed by transaminase";

D. "chromogenic reaction and measurement".

(2) Set a specific and difficult target. Student writes down his all own idea on specific target. Each group is required to write down on a paper as many ideas as he can with no exchange view on any issue.

(3) Generate the initial ideas by individuals. The group leaders collected individuals' ideas, in rotation, one idea per person per rotation, on a group‑visible flip chart.

(4) Amalgamate and refine the individuals' initial ideas. Group explains and discusses ideas combining or refining them as it sees fit. Ideas are taken one at a time, and each individual is asked for reasons of agreement or disagreement as well as to make constructive suggestions for improvement.

(5) Final selection of the best ideas by private voting. The group leaders recorded the revised ideas and extracted the best one in a group‑visible final list.

(6) Revised ideas are rated or ranked by individuals privately with no exchange their views. The remarkable practical fact emerged from the categories of primary thinking and ideas.

Process

"Determination of transaminase activity in silk gland of *Bombyx mori*" in an I‑G‑I model

Announce problem and give brainstorming instructions is the essential to maximize creative idea output. The teacher introduced basic principal of the experiment and the group leaders announced problem "how to determine the activity of transaminase in silk gland" and gave 4 brainstorming instructions, such as "preparation of pyruvate standard curve", "keeping enzyme activity", "chemical reaction catalyzed by transaminase", and "chromogenic reaction and measurement".

Set a specific and difficult target. Student writes down his own idea on specific target, "how to draw a standard curve"; "how to keep the activity of enzyme"; "what chemical reaction catalyzed by transaminase"; "how to calculate the amounts of final product". They outlined on a paper as many ideas as he can in 15 min with no exchange view on any issue.

Generate the initial ideas by individuals. The group leaders collected individuals' ideas, in rotation, one idea per person per rotation, on a group - visible flip chart. According to contents of transaminase in silk gland of silkworm, dilution gradients should be kept at the certain concentration, and let the results of test fall in the range; enzymes here in silkworm, it must be proteins. It is necessary to keep the protein structure and activity under certain physical and chemical conditions, and so on.

Amalgamate and refine the individuals' initial ideas. Group explains and discusses ideas combining or refining them as it sees fit. Ideas are taken one at a time, and each individual is asked for reasons of agreement or disagreement as well as to make constructive suggestions for improvement. After refer to literature, transaminase content in the silkworm in the 5 th instar is around $10\sim55$ U/g silk gland; and to avoid reducing of enzymes activities, the procedure could be kept at lower than 4 ℃, or add phenylthiourea to prevent from oxidation.

Final selection of the best ideas by private voting now should be done. The group leaders recorded the revised ideas and extracted the best one in a group - visible final list. Set pyruvate standard curve at the concentration of (1, 2, 3, 4, 5)$\times10^{-3}$mmol/L; To avoid backdrop of other chemicals, the best choice to prevent denaturation of enzymes is physical condition, i. e. keep the operation under 4 ℃.

Revised ideas are rated or ranked by individuals privately with no exchange their views. Best idea or ideas chosen by pooled individual votes. The remarkable practical fact emerged from the categories of primary thinking and ideas. Such fact included our examples of pyruvate standard curve and drove a linear equation: $y = a + bx$; and finally decided to do the experiment procedures under 4 ℃.

图书在版编目（CIP）数据

昆虫生理生化实验指导 / 李文楚，黄志君，邓小娟
主编. -- 北京 ：中国农业出版社，2025. 2. -- ISBN
978 - 7 - 109 - 32941 - 6

Ⅰ．Q965 - 33

中国国家版本馆 CIP 数据核字第 20259HJ124 号

昆虫生理生化实验指导
KUNCHONG SHENGLI SHENGHUA SHIYAN ZHIDAO

中国农业出版社出版

地址：北京市朝阳区麦子店街 18 号楼

邮编：100125

责任编辑：赵世元

版式设计：杨 婧　责任校对：吴丽婷　责任印制：王 宏

印刷：中农印务有限公司

版次：2025 年 2 月第 1 版

印次：2025 年 2 月北京第 1 次印刷

发行：新华书店北京发行所

开本：700mm×1000mm　1/16

印张：7

字数：133 千字

定价：24.80 元